DESIGN AND PRODUCTION OF
SMALL AIRCRAFT

小型飞行器
设计与制作

赵月飞　胡永江　主编

U0234011

北京理工大学出版社
BEIJING INSTITUTE OF TECHNOLOGY PRESS

内 容 简 介

本书系统论述了各式小型飞行器的设计分析与制作过程，包括无人机模型的分类与组成、小型无人机的飞行原理，以及电动滑翔机、垂直起降双轴飞行器、固定翼载重飞行器、察打一体式飞行器、模型火箭飞行器的设计与制作。

本书既注重各式小型无人机的理论设计，又注重其制作流程，还给出了各式飞行器的训练步骤与训练方法。本书可供初级无人机爱好者、中国国际飞行器设计挑战赛参赛人员等使用，也可作为高校无人机专业的入门教材。

图书在版编目（ＣＩＰ）数据

小型飞行器设计与制作／赵月飞，胡永江主编. －－
北京：北京理工大学出版社，2023.9
　　ISBN 978－7－5763－2937－7

Ⅰ．①小… Ⅱ．①赵… ②胡… Ⅲ．①飞行器－设计
Ⅳ．①V47

中国国家版本馆 CIP 数据核字（2023）第 189759 号

责任编辑：曾　仙　　　文案编辑：曾　仙
责任校对：刘亚男　　　责任印制：李志强

出版发行／北京理工大学出版社有限责任公司
社　　址／北京市丰台区四合庄路 6 号
邮　　编／100070
电　　话／（010）68944439（学术售后服务热线）
网　　址／http://www.bitpress.com.cn

版 印 次／2023 年 9 月第 1 版第 1 次印刷
印　　刷／廊坊市印艺阁数字科技有限公司
开　　本／710 mm×1000 mm　1/16
印　　张／14.25
彩　　插／8
字　　数／240 千字
定　　价／78.00 元

《小型飞行器设计与制作》编写组

主　　编：赵月飞　　胡永江

副主编：李文钊　　孙　福

参　　编：李文广　　付　瑭　　李珂桦　　褚丽娜

　　　　　李　灿　　冯　斌　　李时耀　　郭万乐

　　　　　姬旭鹏　　周赛君　　林志龙　　贾　帅

　　　　　赵　松　　刘翔宇　　林兆魁　　李永奇

校　　对：李文广

审　　阅：王长龙

前言

　　小型飞行器具有小型化、结构简单、性价比高、飞行高度低、飞行速度慢等特点，俗称"低小慢"飞行器，能满足多种任务需求，各国投入大量资金研制小型飞行器，其在军事和民用领域的应用越来越广泛。小型飞行器设计作为一门跨学科领域，涉及的理论知识有机械工程、空气动力学、电子、控制理论和软件工程等，且飞手需要有丰富的实践经验才能掌握对飞行器的操控技巧。更重要的是，只有具有超强的动手能力，才能真正设计并制作出自己的飞行器。

　　本书从专业的角度分享了编者对小型飞行器设计的认识，以及多年指导学生参加中国国际飞行器设计挑战赛（CADC）的经验和技巧，内容主要包含无人机模型的分类与组成、小型飞行器的飞行原理，以及各类小型飞行器的设计思路与制作流程、飞行训练与技巧、飞行注意事项等。本书的编写力求简明扼要、通俗易懂，希望读者能通过本书一览电动滑翔机、垂直起降双轴飞行器、固定翼载重飞行器、察打一体式飞行器、模型火箭飞行器等小型飞行器的设计思路和制作步骤、飞行技巧等。本书可供初级无人机爱好者、中国国际飞行器设计挑战赛参赛人员等使用，也可作为高校无人机专业的入门教材。

　　本书由赵月飞、胡永江担任主编，由李文钊、孙福担任副主编，李文广、付瑭、李珂桦、褚丽娜等参与编写，陆军工程大学王长龙教授审阅了全书内容并提出了宝贵意见。本书在编写过程中，得到了陆军工程大学苏立军、张玉华、王志平、邢娜等教师及各届参赛学员们的大力支持和帮助，并应用了无人机专业学员毕业设计的部分成果，在此一并致以诚挚的谢意。

由于编者水平有限，加之小型飞行器是一个方兴未艾、蓬勃发展的领域，大量的新技术、新方法不断涌现，虽然在编写过程中投入了大量的时间和精力，但书中不妥之处仍在所难免，恳请广大读者批评指正。

编者

2023 年 8 月

目　录
CONTENTS

第1章

无人机概述

1.1　无人机简介

1.1.1　无人机定义

无人机通常被定义为可自动完成从起飞到降落整个过程的无人驾驶飞机。多年来，无人机的名称也在不断发生变化，如航空鱼雷（aerial torpedoes）、无线电控制飞行器（radio controlled vehicle）、遥控驾驶平台（remotely piloted vehicle）、遥控飞行器（remote control vehicle）、自主控制平台（autonomous control vehicle）、无人平台（pilotless vehicle）、无飞行员的遥控飞机（drone）以及空中无人平台（发展为无人机，UAV）等。

近些年，随着嵌入式系统技术及微电机系统技术的快速发展，无人机技术也突飞猛进，有了质的飞跃，无人旋翼飞行器的发展更是如火如荼。现代无人机除了作为消费产品，主要还用于完成4D任务，即危险的（dangerous）、恶劣的（ditty）、枯燥的（dull）、纵深的（deep）任务。

无人机通常具有一定程度的自主能力，具备与控制者进行通信的能力，可以传回任务数据。其中任何一个子系统（或部件）出现故障，无人机都会自动采取相应的措施，或者向操纵人员报警。在过去的几十年中，随着很多新技术的出现，无人机系统技术得到快速发展。

相较于有人机，无人机具有很多优点，例如：造价低廉、运营成本低；无须飞行员驾驶，节约人工成本和飞行员培训费用；更安全，出事故时不会造成飞行人员伤亡等。此外，无人机还可以长时间滞空飞行，能更好地完成侦察、情报收集、跟踪监视等任务。因此，无人机技术已成为一项技术热点。

1.1.2　无人机模型初识

就飞机结构的复杂程度而言，无人机模型比不上真飞机，但其基本结构和真飞机没有本质差异，甚至无人机模型在某些方面有让人刮目相看的亮点。

无人机模型的制作与飞行训练类属于航空模型运动（又称"航模活动"），这既是一项体育运动又是一项科技活动，还是一项有意义的户外休闲运动。小型无人机的制作与飞行训练涉及物理、数学、机械、艺术等学科的知识，对培养个人修养、综合素质、动手技能都有非常大的作用。无人机模型的制作与飞行训练的爱好者，集飞行员、设计师、工程师、后勤保障等角色于一身，能体验到设计、制作、操纵、竞技等乐趣，这是其他活动难以相比的！

本书以中国国际飞行器设计挑战赛暨科研类航空航天模型锦标赛为背景，以电动滑翔机、垂直起降双轴飞行器、固定翼载重飞行器、察打一体式飞行器和模型火箭飞行器等项目为例，阐述小型无人机模型的设计、制作、飞行训练等。

以下整理了一些航模初学者常提出的问题，这些问题不仅很有意义，而且带有普遍性，以供参考。

1. 无人机模型与玩具飞机的区别？

无人机模型与玩具飞机有着本质区别。玩具只要按照产品说明书进行操作即可，任何人都可以操作；无人机模型只有在掌握了专业知识和进行技术学习后才能驾驭，具有很强的专业性、技术性。无人机模型的基本结构和飞行原理与真飞机是相同的，可以说无人机模型是缩小的"飞机"；玩具飞机属于"高级的玩具"。对初学者来说，刚开始很难从外观上进行区分，但随着认识的不断加深，区分模型和玩具就变得比较容易。一般来说，可以根据以下几点对模型和玩具进行区分。

1）器材配置

大部分玩具飞机是以整套（包含遥控设备、零配件等）完全组装好的状态出售的。这是因为玩具飞机制造商要考虑购买者的技术水平、专业能力，会尽量将产品制作得操作简单。无人机模型需要爱好者分别购置无人机模型、遥控设备、发动机等零部件，这是因为无人机模型爱好者的要求不同，分别购买能满足不同的性能需求。

2）购买场所

一般在玩具店就可以买到玩具飞机，而购买专业的无人机模型和器材要到模型专卖店。这是因为大多数玩具店的经营者不具备无人机模型的专业知识和操控技术，很难提供专业的技术指导和售后服务。

3）制作材料

大部分玩具飞机会采用泡沫塑料等抗冲击、不易损坏的材料。这是因为在飞行过程中总会出现碰撞情况，如果不采用抗损性能强的柔性材料，玩具飞机会很快被摔坏。无人机模型要达到某些飞行性能则通常采用木质或玻璃钢、碳纤维等复合材料，这些材料都是比较容易损坏的，操控时要有专业技术。

4）动力系统

大部分玩具飞机使用微型的直流永磁电动机作动力，而无人机模型通常使用发动机或大功率无刷电动机作动力。前者生产成本低，且技术难度不高；后者只有掌握了大量的技术要领才能进行操控。

5）性能要求

玩具飞机对飞行性能的要求比较低，一般只要能够飞起来，并可以进行简单的操控就达到设计目的了；无人机模型为了达到某些技术要求（如留空时间、特技性能等），应具备出色的飞行性能。

上述是玩具飞机和无人机模型的一些常见的基本区别，但不是绝对的，有些可能没有明显的分界线，需要根据具体情况去区分。总之，对无人机模型知识了解得越多，就越容易区分。

2. 遥控无人机模型能飞多高、多快、多长时间？

目前专业遥控无人机模型的世界纪录：最大飞行高度为 8 208 m，最远直线飞行距离为 455.23 km，最长留空时间为 33 h 39 min 15 s，最快飞行速度为 343.92 km/h，还有的无人机模型飞越了大西洋。这些飞行纪录都是在技术限定的情况下实现的，也就是说，对无人机模型的尺寸、发动机工作容积等都是有严格限制的，一般遥控无人机模型的最大飞行质量不超过 5 kg、发动机最大工作容积不超过 10 cc。

一般情况下，遥控无人机模型可以在半径为 1 ~ 2 km 的半球形空域内飞行，最大半径主要由遥控设备的收发距离决定；正常情况下，无人机模型的飞行半径为 500 ~ 800 m、飞行速度一般在 80 ~ 150 km/h、飞行时间在 5 ~ 15 min。飞行时间主要考虑操纵者的疲劳程度，每次飞行时间为 5 ~ 15 min 是比较适宜的，虽然可以延长飞行时间，但在业余飞行中基本没有必要。

3. 最大和最小的遥控无人机模型？

目前已知的最大遥控无人机模型是美国航模爱好者制作的 B - 29 像真遥控无人机模型（图 1.1），其翼展达 8.9 m，飞行质量达 210 kg，采用 4 台

160 cm^3 汽油发动机。图 1.2、图 1.3 所示为大型无人机模型。小型遥控无人机模型种类繁多，有的只有手掌大小，如图 1.4、图 1.5 所示。

图 1.1 B-29 像真遥控无人机模型

图 1.2 大型无人机模型（一）

图 1.3 大型无人机模型（二）

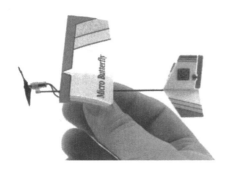

图 1.4 小型无人机模型（一）

图 1.5 小型无人机模型（二）

1.2 无人机模型的种类

无人机可根据其布局构型或尺寸大小进行分类，按构型可划分为两种主要类型。一种是固定翼，外形如同传统正常式布局的无人机，其升力由机翼在空气中向前运动而产生；另一种是旋翼机，其升力由旋翼通过旋转产生，如直升机就属于这一类型。无人机也可以根据其尺寸或质量进行分类。本书只关注小型和微型的无人机,即总质量小于 7 kg 的无人机。对无人机爱好者而言,也极少使用超过 7 kg 的无人机,更重的无人机通常装备了专业的设备,并具有某种商业上的用途。

1.2.1 固定翼无人机

固定翼无人机有很多种形式,可根据各种因素任意组合来划分,如机翼的位置、机翼的数量、主机身的形式、控制面、垂尾和尾翼形式等。本节只介绍最适合飞手和进行 FPV(first person view,第一人称主视角)飞行的无人机。

无人机在飞行时,可以沿着 3 个轴改变角度(即飞行姿态),即俯仰轴(无人机机头向上仰或向下倾斜)、偏航轴(飞机改变航向)及滚转轴(飞机向左或向右滚转),如图 1.6 所示。

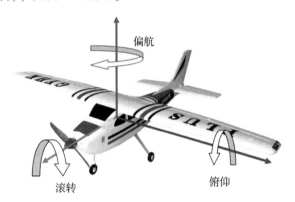

图 1.6　无人机姿态示意图

固定翼无人机的机翼和尾翼部位上有一些可以上下"拍打"的小面积区域,称为控制面。飞机上有 3 个主要的控制面——副翼(控制飞机的滚转)、方向舵(控制飞机的偏航)和升降舵(控制飞机的俯仰),如图 1.7 所示。

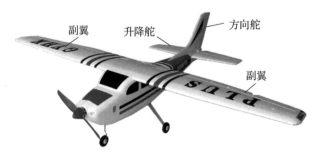

图 1.7　无人机控制结构示意图

1. 按结构布局分类

这种方法主要是根据机翼位于机身的位置分类。因为机翼的安装位置对无人机模型的飞行性能有较大影响，尤其是无人机模型的横侧稳定性。一般可分为以下几种。

1）上单翼无人机模型

上单翼无人机模型的机翼在机身的上表面，又称"肩翼机"，如图1.8所示。由于上单翼无人机模型的机翼靠上，重心位置相对较低，因此横侧稳定性较好；而且，其制作结构比较简单。然而，上单翼无人机模型的外形不是很美观，现在已经很少有模型厂家生产了。

图1.8　上单翼无人机模型

2）高单翼无人机模型

高单翼无人机模型和上单翼无人机模型在外形、结构方面基本相同，初学者易将二者混淆，其实它们是有区别的。高单翼无人机模型是在上单翼无人机模型的基础上将机翼抬高了，如图1.9所示。一方面，进一步增强了横侧稳定性；另一方面，加高的部位模拟成飞机的座舱。这样不仅更美观，而且机舱容积更大，便于安放接收机、舵机等电子装置，因此近年来成了最流行的遥控教练无人机模型的主要样式。

图1.9　高单翼无人机模型

3）下单翼无人机模型

无人机模型采用下单翼布局的原因主要有两方面：其一，有些像真无人机模型本身就是下单翼布局，必须按照原有外形进行制作，如图 1.10 所示；其二，有些初级遥控特技无人机模型为了追求较好的操纵性而特意降低横侧稳定性，就采用了下单翼布局。

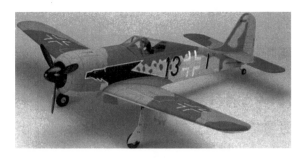

图 1.10　下单翼像真无人机模型

4）中单翼无人机模型

中单翼无人机模型的机翼比较靠近机身轴线，如图 1.11 所示，因此稳定性和操纵性都比较均衡，是现今遥控特技无人机模型的流行样式。也有不少像真无人机模型本身就采用中单翼布局，如图 1.12 所示。

图 1.11　中单翼无人机模型

图 1.12　中单翼像真无人机模型

5）双翼无人机模型

双翼机的机翼采用上下平行排列的布局方式。双翼机出现在飞机诞生的早期，那时的发动机功率有限，要想在当时的飞行速度下仅用单层机翼很难产生足够的升力，如果用加大飞机翼展和面积的办法，那么飞行时产生的载荷是机翼无法承受的，因此当时采用双层机翼设计，如图 1.13 所示。那个时期不仅双翼机很多，还有采用三层甚至更多层的，如图 1.14 所示。双翼机的飞行阻力比较大，而且气动性能也不太好，因此当发动机功率提高以后就几乎不再使用双翼机了，现在还在飞行的双翼机要么是为了低速飞行的，要么是有怀旧情结，如双翼特技运动飞机中的"克里斯坦鹰"（图 1.15）和"蓝鹰"（图 1.16）。无人机模型中主要是像真无人机模型会采用双翼布局；另外，个别遥控特技无人机模型为了展示某些性能也会采用双翼布局，如图 1.17 所示。

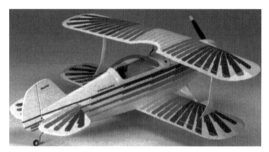

图 1.13 双翼机

图 1.14 三翼机

图 1.15 双翼特技飞机"克里斯坦鹰"

图 1.16 双翼特技飞机"蓝鹰"

图 1.17 双翼无人机模型

2. 按气动布局分类

气动布局是指飞机主要部件的选择与布置方式。一般的飞机由机身、机翼、水平尾翼、垂直尾翼等部分组成,其中机翼位于水平尾翼之前。这种传统标准的布置方式称为常规布局或正常布局,其余样式称为非常规布局。不同气动布局的飞机的飞行性能也是不同的,对于无人机模型也是一样的道理。常见的非常规气动布局主要有以下几种。

1)鸭式布局

鸭式布局的飞机取消了水平尾翼,而在机翼的前方增加了一对前翼,如图 1.18 所示。采用鸭式布局的主要好处是前翼产生的升力都是有用升力;这种布局还可减小配平阻力,改善机动性和高速飞行性能。我国的代表性战斗机"歼 10"(图 1.19)就是典型的鸭式布局飞机。

图 1.18 鸭式布局

图 1.19 "歼 10" 战斗机

2）飞翼布局

不管是真飞机还是无人机模型，采用非常规布局时飞翼的形式很多，如图 1.20 所示。飞翼布局有很多优点，如结构简单、质量轻，因此很多有特殊需求的真飞机和无人机模型都采用飞翼布局。飞翼布局的缺点是稳定性不如常规布局好，因此飞翼的设计和调整很重要，调整不好的飞翼是无法飞行的。飞翼布局的衍生机型很多，在无人机模型中，圆盘飞翼（图 1.21）、薄板飞翼（图 1.22）都是飞翼布局的变形。

图 1.20　飞翼布局飞机模型

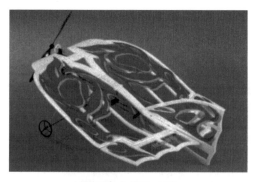

图 1.21　圆盘飞翼

图 1.22　薄板飞翼

3）无尾布局

无尾布局和飞翼布局很相似。严格地说，飞翼布局的飞机没有垂直尾翼，但无尾布局的飞机有垂直尾翼，只是机翼的后掠角较大且呈三角形，如图 1.23 所示。无尾布局飞机的方向稳定性要优于飞翼布局飞机，但俯仰稳定性和操纵性与飞翼布局飞机接近。

图 1.23　无尾布局飞机模型

4）三翼面布局

这种布局形式为一些比较注重敏捷的飞机所采用，最典型的真飞机便是苏 –37，如图 1.24 所示。采用三翼面布局的飞机操纵起来比较复杂，大部分此类飞机需要在机载计算机与飞控系统的帮助下进行操纵。无人机模型中采用

图 1.24　苏 –37

三翼面布局的较少；即使采用，由于其操纵难度较大，故大多数前翼被设计为不可操纵的，仅作为装饰，个别可以被控制的，一般也是和水平尾翼进行联动，且舵量不大，并不起主要作用。

1.2.2 旋翼无人机

旋翼无人机是指通过在空气中旋转螺旋桨产生足够的升力，从而实现飞行的一类无人机。旋翼无人机主要可以分为两种类型——常规直升机、多旋翼无人机。多旋翼无人机可以根据电动机的数目做进一步分类，如四旋翼无人机（有4个电动机）、六旋翼无人机（有6个电动机）等。

1. 常规直升机

常规直升机如图1.25所示，其通过改变旋翼的桨距和桨盘的倾斜角来实现飞行控制。桨距的改变是通过一个称为"倾斜盘"的复杂机械结构来实现的。常规直升机通常有一副大的旋翼，为了产生与旋翼旋转方向相反的扭矩，就需要一副尾桨来抵消偏航力矩，尾桨的作用就是保持直升机的正确航向。然而，这会造成一定的效率损失，因为一部分能量用于保持直升机的航向，而不是用来产生升力。为了补偿这一损失，有些直升机采用两副相反方向旋转的旋翼，通过反向旋转来抵消扭矩，同时将全部能量用于产生升力。

图 1.25 典型的无线电遥控常规直升机

常规直升机的成本高且制作过程复杂，在无人机爱好者中并不流行。而且，常规直升机的旋翼较大且较重，因此相对于其他类型的无人机而言，它要危险得多。此外，相对于四旋翼无人机（又称"四轴飞行器"）这样较为常见的无人机平台，常规直升机因其复杂性而在坠机中更容易损坏，这也是四旋翼无人机得以流行起来的另一个重要原因。

2. 三旋翼无人机

多旋翼无人机的命名遵循拉丁文编号的方法。例如，"tri"表示 3 个电动机，"quad"表示 4 个电动机，"hexa"表示 6 个电动机，依次类推，后面再接后缀"–copter"（表示直升机）。三旋翼无人机按照三角形的布局方式排列，两个在前面、一个在后面（图 1.26）；尾部电动机安装在一个倾斜机构上，通过一个舵机调节其倾斜角度（图 1.27）。

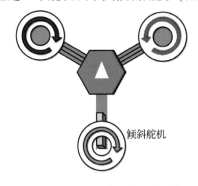

图 1.26　三旋翼无人机外形的俯视图　　图 1.27　倾斜尾部电动机的偏航机构

三旋翼无人机的外伸臂杆通常间隔 120°（图 1.28），其优势就是在使用机载相机时，在如此宽的夹角里可以避免外伸臂杆和螺旋桨进入相机的视野；另一个好处就是只需采用 3 个电动机，从而降低制作成本。

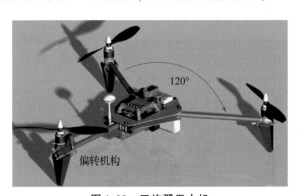

图 1.28　三旋翼无人机

为了实现对三旋翼无人机的完全控制，需要将其尾部的电动机向两侧倾斜，使得三旋翼无人机能够向左或向右飞行（偏航）。这也意味着相对于其他形式（如四旋翼无人机），三旋翼无人机的偏航控制要快得多。由于需要一个偏航机构来倾斜尾部的电动机，因此三旋翼无人机的制作更复杂，但这可以保证其飞行特性更加稳定，这对使用无人机进行航拍是非常有利的。

3. 四旋翼无人机

四旋翼无人机是当下最流行的多旋翼无人机，其典型特征是有 4 个电动机。根据机架的不同，可将 4 个电动机按照 "＋" 形或 "×" 形进行布局，如图 1.29 所示。在 "＋" 形布局方式下，四旋翼无人机的前部与一个电动机对齐；在 "×" 形布局下，四旋翼无人机的前部在两个前置的电动机之间。"×" 形布局的用处更大，特别是采用前视机载相机时，前面的外伸臂和螺旋桨可较少地出现在相机的视野中。

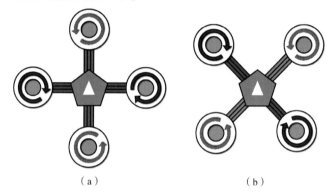

（a） （b）

图 1.29 四旋翼无人机布局的俯视图

（a） "＋" 形布局；（b） "×" 形布局

四旋翼无人机的 4 个电动机中，有两个为顺时针旋转，另两个则逆时针旋转，这是为了抵消电动机所产生的扭矩，并使得无人机能够保持正确的方向（这与常规直升机上尾桨的功能有相同之处）。为了控制四旋翼无人机，电动机的转速是变化的。例如，为了让无人机向前倾斜，可将前面两个电动机的转速减小，而将后面两个电动机的转速增大。

四旋翼无人机受欢迎的主要原因是其易于制作且便于控制。要自己制作四旋翼无人机，仅需一个 "＋" 形机架，并将 4 个电动机安装在外伸臂杆的末端，不需要任何多余的机械机构或连接部件。

4. 六旋翼无人机

六旋翼无人机有 6 个电动机，更多的电动机意味着它能够搭载更多的设备。除了这个显著优势外，六旋翼无人机另一个优势就是电动机围绕中心分布得较为紧密，当一个电动机失效时，仍然可用剩下的电动机保持相对稳定，让无人机安全着陆。四旋翼无人机、三旋翼无人机上只要有一个电动机失效，无人机通常就会摔得很惨，这是因为其中的每个电动机对于控制无人机的稳定飞行都非常关键。因此，专业航拍用的无人机通常是六旋翼或者八旋翼的构型，因为其负载能力更强，并且具有预防失效的冗余能力。

图 1.30（a）所示为"＋"形布局，无人机的前部与其前臂在一条线；图 1.30（b）所示是"×"形布局，无人机的前部在两个前臂之间。

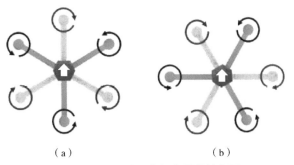

（a）　　　　　　　　（b）

图 1.30　六旋翼无人机布局的俯视图

（a）"＋"形布局；（b）"×"形布局

Y6 构型无人机是三旋翼无人机和六旋翼无人机的混合体，如图 1.31 所示。在 3 个外伸臂上有 6 个电动机，看上去像三旋翼无人机——每两个臂之间间隔 120°、单独一个臂位于后面。然而，Y6 构型无人机上总计有 6 个电动机，因此我们仍把它认为是六旋翼无人机。其每个外伸臂上安装有一对电动机，一个电动机朝上、另一个电动机朝下，即所谓的同轴排列，通常每对电动机以相反的方向旋转，如图 1.32 所示。

图 1.31　Y6 构型无人机

顺时针旋转

逆时针旋转

图 1.32　Y6 构型同轴排列

相对于常规的六旋翼无人机，Y6 构型无人机具有一些优点：由于只有 3 个臂，因此组装起来稍微容易一些；另外，机架相对轻一些。这种构型的主要优点在于电动机有更多冗余，在这种安装方式下，每个电动机都作用在相同的推力轴线上。即使 Y6 构型无人机的某个电动机失效了，也很难被察觉，只是其拉力下降了 1/6。Y6 构型无人机在同一个臂上有两个电动机，以相反的方向旋转，总计 3 个电动机顺时针旋转、3 个电动机逆时针旋转，并保持对称和平衡，如图 1.33 所示。

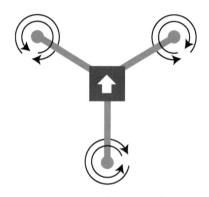

图 1.33　Y6 构型无人机的俯视图

Y6 构型无人机的不足之处就是在效率上稍有损失（损失约 5%），这是由于下面的电动机在上面电动机下吹的紊乱气流中运行。然而，Y6 构型无人机的机身更轻（相对于六旋翼无人机，它只有 3 个臂），因此其效率损失可忽略不计。在有些 Y6 构型无人机上，上面的螺旋桨比下面的稍小，也是为了尽量减少损失。

5. 八旋翼无人机

八旋翼无人机有 8 个电动机，它们呈均匀分布的形式，如图 1.34 所示。这几乎是最大的多旋翼无人机，其直径通常为 1 m。八旋翼无人机可以提供比六旋翼无人机更大的载荷能力，且具有额外的电动机冗余能力。六旋翼无人机通常可以容忍一个（或者对称的两个）电动机失效，八旋翼无人机则可以容忍更多的电动机失效，而不会"炸机"，具体容忍数量取决于载荷的质量以及失效电动机的位置。

由于载荷能力强且具有更好的电动机失效冗余能力，因此八旋翼无人机通常被用作专业的航拍无人机。然而，其价格高，因此一般不会将八旋翼无人机用于练习。

图 1.34　携带单反相机的八旋翼无人机

如图 1.35 所示，X8 构型无人机本质上就是四旋翼无人机的机架上安装了 8 个电动机，是四旋翼无人机和八旋翼无人机结合的一种产物。X8 构型无人机的机架有 4 个外伸臂，每个臂上分别安装有两个电动机，一个向上、另一个向下，一个顺时针旋转、另一个逆时针旋转。

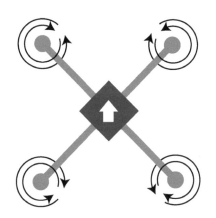

图 1.35　X8 构型无人机的俯视图

X8 构型无人机和八旋翼无人机有着相同的优点，其中最主要的就是具有较强的载荷能力。和 Y6 构型无人机一样，X8 构型无人机也有因两个电动机沿着相同推力轴线布局所带来的优点，在飞行中如果一个电动机失效，它仍能保持稳定（假定 7 个电动机仍能够产生足够的推力在空中托举无人机）。

1.3 无人机模型结构组成

1.3.1 固定翼无人机的结构组成

以下介绍的术语仅针对常规布局的固定翼无人机模型，如图1.36所示。

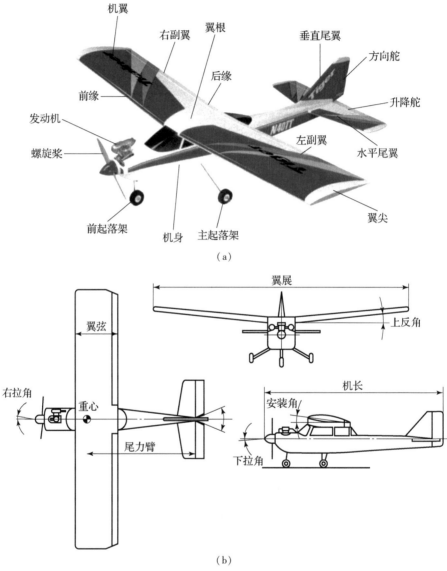

（a）

图1.36 常规布局的固定翼无人机

（a）模型图；（b）三视图

（1）机翼：产生主升力的翼面。飞机的飞行主要靠机翼产生的升力，而升力大小与飞行速度有关。飞行速度越快，升力就越大；飞行速度越慢，升力就越小。只有当飞行速度使机翼产生的升力大于自身重力时，飞机才可能离地在空中飞行。

（2）水平尾翼：水平安放在机身后部的翼面，起俯仰稳定作用。水平尾翼的面积越大，俯仰稳定性就越好；反之，则越差。常规的尾翼一般由两部分组成，前面固定不动的部分称为安定面，后面可操纵的部分称为舵面。

（3）垂直尾翼：垂直安放在机身后部的翼面，起方向稳定作用。垂直尾翼的面积越大，方向稳定性就越好；反之，则越差。

（4）机身：连接机翼与尾翼的结构。对大多数无人机模型来说，机身只是连接机翼与尾翼，并用于安放机载设备的结构，不具备其他用途，只有在特殊情况下才有特定的功能，如特技无人机模型在侧飞动作时。

（5）螺旋桨：产生拉力或推力的装置。螺旋桨设计、制作、匹配的好坏直接影响发动机的效率，因此一定不要忽视螺旋桨的性能。

（6）发动机：动力系统。

（7）起落架：在起飞和降落阶段用来在地面滑行的装置。

现在的无人机模型起落架的形式主要分为两种，即前三点式起落架（图 1.37）和后三点式起落架（图 1.38）。前三点式起落架的主起落架在后，转向轮在前；后三点式起落架的主起落架在前，转向轮在后。两者各有优缺点：前三点式起落架的优点是起飞滑跑时的方向稳定性较好、起飞动作柔和，但其结构相对复杂且稍重，而且降落技术有一定难度；后三点式起落架的结构简单且相对较轻，但起飞滑跑时的稳定性不及前者。

图 1.37　前三点式起落架　　　　　图 1.38　后三点式起落架

起落架可根据安装方式分为固定式起落架（图 1.39）和收放式起落架（图 1.40）。为了简化起落架结构、减轻重量和降低成本，一般简单的无人机模型会使用固定式起落架，将起落架安装在机身或机翼比较坚固的部位。有些无人机模型为了减小空中飞行的阻力（或出于仿真要求），会将起落架设计成可收放的形式，在起飞和降落阶段打开，在空中飞行时收到机翼或机身的内部。

图 1.39　固定式起落架

图 1.40　收放式起落架

有些无人机模型会因起飞场地等原因而采用其他形式的起落架，如水上飞机的浮筒式起落架（图 1.41）、靶机的滑橇式起落架（图 1.42）等。

图 1.41　浮筒式起落架

图 1.42　滑橇式起落架

（8）翼型：机翼的剖面形状，是机翼产生升力的根本原因。不同的翼型产生的效果是不同的，因此不同性能和用途的无人机模型选用的翼型也有所不同，并不是能产生的升力越大的翼型就越好。

（9）前缘：机翼前部的边缘。前缘的丰满度以圆半径进行衡量，前缘半径越大，前缘外形就越圆滑，具有这样前缘的机翼不容易失速，但飞行阻力也更大。

（10）后缘：机翼后部的边缘。后缘尖锐的翼型效率较高，但考虑到实用性（后缘太薄就容易受损），因此大部分无人机模型的后缘要保持一定的厚度。

（11）翼尖：机翼两端的边缘。

（12）翼根：机翼中央的部位，或单边机翼的根部。

（13）翼弦：机翼前缘到后缘的连线。它主要对无人机模型的设计和测量有实际意义。

（14）翼展：两翼尖之间的距离。翼展是衡量一架飞机大小的重要数据，因为一般无人机模型的几何尺寸与翼展成一定比例，所以了解翼展的数据后，就能粗略估算出无人机模型的其他数据了。

（15）机长：机身的总长度。对无人机模型来说，机身长度有时并不明确，这主要在于机长是否包含了螺旋桨整流罩的尺寸（螺旋桨整流罩对飞行性能的影响不是很大），因此需要依据图样或进行实测来了解机身的具体尺寸。

（16）升力：机翼在空气中快速运动而产生的向上举升的力。

（17）重心：无人机模型所受重力的合力作用点。

（18）压力中心：机翼升力的集中点。压力中心和重心在垂直位置上重合时，无人机模型处于俯仰平衡状态。然而，无人机模型的压力中心位置并不是固定不变的，一般情况下，无人机模型在抬头爬升时飞行迎角加大，压力中心前移；无人机模型在俯冲时飞行迎角减小，压力中心后移。

（19）上反角：机翼上翘的角度。上反角的大小直接影响无人机模型的横侧稳定性。正常范围内，上反角越大，无人机模型的横侧稳定性就越好；反之，则越差。因此，一般要求稳定性较好的自由飞类无人机模型和遥控模型教练机的上反角都较大，而要求操纵性好的遥控特技无人机模型的上反角较小。

上反角的样式比较多（图 1.43），常见的有单折上反角、双折上反角、三折上反角、弧形上反角等。单折上反角的结构最简单，但提供的横侧稳定性相对较差；双折上反角的横侧稳定性最好，但升力损失也大。上反角的折数越多，其综合效果就越好，既兼顾了稳定性也兼顾了升力效率，但是制作比较复杂，容易增加无人机模型的结构质量。

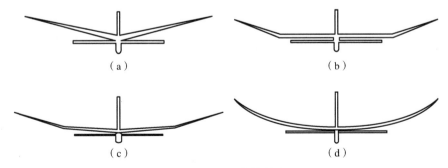

（a）　　　　　　　　　　　　　　　　（b）

（c）　　　　　　　　　　　　　　　　（d）

图 1.43　上反角的样式

（a）单折上反角；（b）双折上反角；（c）三折上反角；（d）弧形上反角

（20）后掠角：机翼向后倾斜的角度。后掠角对横侧稳定性有一定影响。

（21）安装角：机翼安装在机身上，其翼弦和机身轴线保持的夹角。

（22）迎角：飞行中翼弦和相对气流的夹角。

（23）副翼：机翼后缘外侧的活动舵面，用来控制飞机的横侧动作。

（24）方向舵：垂直尾翼后缘的活动舵面，用来控制飞机的方向动作。

（25）升降舵：水平尾翼后缘的活动舵面，用来控制飞机的俯仰动作。

（26）飞行重量：飞机起飞时的自身质量。最大飞行重量指无人机模型加满油时的质量。

（27）尾力臂：重心到水平尾翼前1/4翼弦的距离。尾力臂的长短对无人机模型的俯仰稳定性和方向稳定性都有重要影响。尾力臂越长，俯仰稳定性和方向稳定性就越好，无人机模型飞行时就越稳定；反之，则越差，越不稳定。

（28）襟翼：机翼前后缘的活动舵面，通过改变张开的角度来改变机翼的升力。真飞机的襟翼形式有很多种，但有些结构十分复杂。无人机模型的襟翼一般只使用简单的后缘襟翼，通常安放在后缘内侧靠近翼根处，如图1.44、图1.45所示。由于其靠近副翼，因此易被误认为副翼的一部分。襟翼的两个舵面一般较宽且动作方向一致，而副翼的两个舵面的动作方向相反。有些无人机模型的遥控设备功能较多，可以利用电子程序使副翼兼顾襟翼的功能，而不需要单独的襟翼。

图1.44 襟翼　　　　　　　　　图1.45 襟翼设在翼根处

（29）右拉角：通常发动机带动螺旋桨逆时针转动，这会对机身产生顺时针的反扭力，进而造成飞机横滚偏转，将发动机向右偏置一定角度就能克服反扭力。

（30）下拉角：飞机的升力源于翼型，但升力过大会使飞机在飞行过程不断抬头上升，最终失速坠机，将发动机向下偏置一定角度可消去多余升力。

1.3.2　旋翼无人机的结构组成

1. 单旋翼——单旋翼带尾桨无人直升机

单旋翼带尾桨无人直升机装有一副旋翼和一个尾桨，如图 1.46 所示。单旋翼带尾桨无人直升机的结构简单、操作方便，可应用在直升机特技表演、执行特定任务等场合。

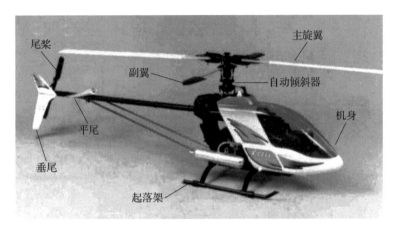

图 1.46　单旋翼带尾桨无人直升机构造

单旋翼带尾桨无人直升机在飞行时，由旋翼旋转产生升力，尾桨控制方向。尾桨拉力相对于直升机所产生的偏转力矩可用于平衡旋翼在空中的反转力矩，尾桨转动一般消耗 7%~10% 的直升机动力。

虽然尾桨的存在会有很多有利之处，但是也带来固有的缺陷，主要有以下三方面：

（1）尾桨及其传动系统的质量较大，而且桨叶叶片少、转速快、噪声大。

（2）尾桨暴露在外，会增加空气阻力。

（3）在比较复杂的工作环境中，尾桨会危及作业安全。大多数直升机事故是尾桨桨叶与作业人员、树木、建筑物、电杆或输电线发生碰撞引起的。

单旋翼带尾桨无人直升机是在直升机技术的基础上发展而来的，虽然存在一些缺点，但由于其技术成熟、产品类型全，因此在很长时间内有很广泛的应用。APID 60 型无人直升机是一款典型的单旋翼带尾桨无人直升机，具有全自主飞行、起飞和降落的能力，无须地面人员实时操控和导航。APID 60 型无人直升机可搭载多种传感器并与地面控制站建立数据链接，它可以在海上和陆上执行多种任务，如航拍、边界巡逻、搜索、监测等。APID 60 型无人直升机系统由 3 部分组成——APID 60 UAV、地面控制站、选配的负载系统。

2. 双旋翼——共轴双旋翼无人直升机

共轴双旋翼无人直升机具有绕同一理论轴线正反旋转的上下两副旋翼，如图 1.47 所示。两副旋翼产生的扭矩在航向不变的飞行状态下相互平衡，通过上下旋翼总扭矩差产生不平衡扭矩，从而控制航向。在直升机的飞行中，共轴双旋翼既是升力面，又是横转和航向的操纵面。

图 1.47　共轴双旋翼无人直升机

共轴双旋翼无人直升机与单旋翼带尾桨无人直升机的主要区别是：采用上下共轴反转的两组旋翼来平衡旋翼扭矩，不需要尾桨。与相同质量的单旋翼带尾桨无人直升机相比，若采用相同的桨盘载荷，其旋翼半径仅为单旋翼直升机的 70%。单旋翼直升机的尾桨部分必须超出旋翼旋转面，尾桨直径为主旋翼的 16%~22%，若设计尾桨紧邻旋翼桨盘，则单旋翼直升机旋翼桨盘的最前端到尾桨桨盘的最后端是旋翼直径的 1.16~1.22 倍。共轴双旋翼无人直升机的机身较短，机身结构质量和载重均集中在直升机的重心处，因而减少了直升机的俯仰和偏航的转动惯量。由于没有尾桨，因此基本消除了由尾桨引起的故障隐患，从而提高了直升机的生存率。

由于采用上下两副旋翼（两副旋翼的桨毂和操纵机构均暴露在机身外），因此增加了直升机的垂向尺寸。两副旋翼的间距与旋翼直径成一定比例，以保证飞行中上下旋翼由操纵和阵风引起的极限挥舞不会相碰。两副旋翼间的非流线不规则的桨毂和操纵系统部分增加了直升机的废阻面积，因而共轴双旋翼无人直升机的废阻功率一般大于单旋翼带尾桨无人直升机的废阻功率。

共轴双旋翼无人直升机一般采用双垂尾，以增加直升机的航向操纵性和稳定性。一般来说，共轴双旋翼无人直升机绕旋翼轴的转动惯量远小于单旋翼带尾桨无人直升机，因此其航向的操纵性较好，而稳定性相对较差。共轴双旋翼无人直升机的机身较短，通过增加平尾面积和采用双垂尾来提高直升机的纵向和航向稳定性，其航向操纵效率只在飞行速度较大时起作用。

3. 多旋翼无人机

多旋翼无人机也称为多轴无人机，它通常有 3 个以上的旋翼。多旋翼无人机的机动性通过改变不同旋翼的扭力和转速来实现。相比传统的单水平旋翼直升机，它构造精简、操作简便、易于维护、稳定性高且携带方便，应用十分广泛。

多旋翼无人机系统由机械系统、飞控系统、动力系统及通信系统组成，如图 1.48 所示。多旋翼无人机机体结构是所有机载设备、模块的承载体，主要部件有机架、电动机、电调和螺旋桨等，为了满足实际飞行需要，一般还需要配备电池、遥控器及飞行辅助控制系统。

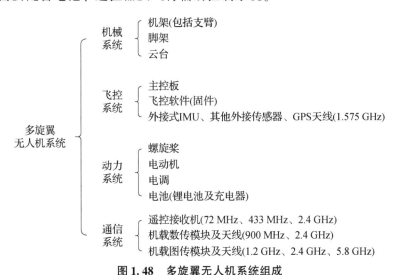

图 1.48　多旋翼无人机系统组成

1）机架

机架是指多旋翼飞行器的机身架，是整个飞行系统的飞行载体，所有的部件和设备都要安装在机架上面。机架下方安装有起落架，用于支承全机，避免螺旋桨离地太近而发生触碰，以及消耗和吸收多旋翼飞行器在着陆时的撞击能量。机架一般使用强度高、质量轻的材料，如碳纤维、PA66＋30GF 等材料，如图 1.49 所示。

机架的主要作用如下：

（1）提供安装接口。这些接口包括安装和固定电动机、电子调速器、飞行控制器的螺丝孔。

（2）提供整体的稳定和坚固的平台。飞行器在飞行过程中需要一个稳定的平台，以固定各种传感器，并确保电动机在转动过程中不会毁坏其他设备。

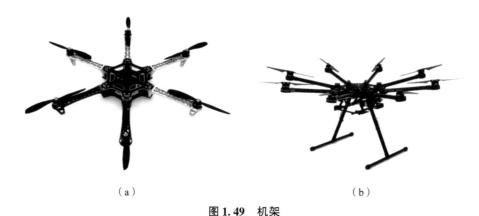

（a）   （b）

图 1.49 机架

（a）F550（PA66＋30GF）；（b）碳纤维机架

（3）安装起落架等缓冲装备。这些可以为飞行器提供安全的起飞和降落条件，避免损坏其他仪器。

（4）提供相应的保护装置。这里的保护装置用于保护飞行器本身和可能接触到的操作人员。在飞行过程中会存在各种不可预知的情况，一定的保护措施可以保护器械和相关人员，减少不必要的损失。

为保证飞行性能，目前市场上的机架多为十字对称型，也有少数轴对称型。出于强度和厂家生产成本的考虑，机架中心板多采用玻璃纤维板，机臂多采用尼龙材料。如果对质量和强度的要求比较高，可使用更为昂贵的碳纤维材料制作机架。

图 1.50 所示为微型四旋翼飞行器。微型四旋翼飞行器对质量的要求较高，机架通常直接用自身的 PCB 电路板充当，或采用碳纤维、工程塑料等比较轻且比较坚固的材料加上比较小的 PCB 电路板构成。

图 1.50 微型四旋翼飞行器

2）电动机

电动机是多旋翼无人机的主要动力来源，且与飞行器的飞行姿态密切相关。多旋翼无人机的常用电动机如图 1.51 所示。电动机的转速快慢决定了飞行器可以承载的重量，其转速改变的快慢会影响到飞行器姿态的变换。在整个飞行系统中，电动机起到提供动力的作用。

图 1.51　无刷电动机

较大的多旋翼飞行器主要使用无刷电动机。与传统的有刷电动机不同，无刷电动机属于外转子电动机，也就是说，工作时是电动机的外壳在转动，而不是其内部的线圈在转动，这带来了电动机维护上的方便。同时，无刷电动机在扭力、转速方面都有比较优越的特性，因此广泛应用在较大多旋翼飞行器、固定翼等航模。

3）电调

电子调速器（electronic speed controller，ESC）简称电调，在整个飞行系统中主要提供驱动电动机的指令，用来控制电动机完成规定的动作和速度等。图 1.52 所示为多旋翼无人机的常用电调。

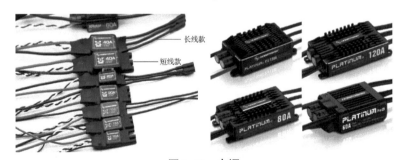

图 1.52　电调

多旋翼无人机电动机的电流很大，通常每个电动机正常工作时的平均电流在 3 A 左右，如果没有电调，飞控 I/O 接口就无法承受这样大的电流，而且飞控提供的控制信号无法直接驱动无刷电动机，因此需要通过电调最终控制电动机的转速。

4）螺旋桨

在多旋翼无人机的动力系统中，螺旋桨是非常重要的部件之一。螺旋桨通过自身旋转，将电动机转动功率转化为飞行器上升的动力。螺旋桨一般采用塑料、碳纤维、木材作为原材料，如图1.53所示。螺旋桨自身的效率及其与电动机的匹配度会很大程度地影响飞行器的航时和速度。从宏观上讲，旋转的螺旋桨会对下方的空气产生作用力，从而受到来自空气的向上反作用力，这个反作用力就是升力。

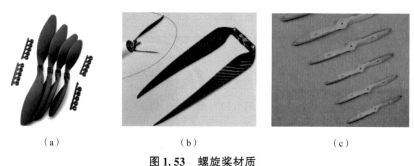

（a）　　　　　　　　　　　（b）　　　　　　　　　　　（c）

图1.53　螺旋桨材质

（a）塑料桨；（b）碳纤维桨；（c）木桨

5）电池

电池是将化学能转化成电能的装置。在整个飞行系统中，电池作为能源储备，为整个动力系统和其他电子设备提供电力来源。

目前在多旋翼无人机上，一般采用普通锂聚合物电池或智能锂电池，如图1.54、图1.55所示。相对于以往遥控模型所采用的镍镉或镍氢电池，锂聚合物电池的能量密度是最大的，这意味着相同质量下该电池能够存储更多电能。

图1.54　普通锂聚合物电池　　　　**图1.55　智能锂电池**

6）遥控系统

遥控系统由发射机和接收机组成，是整个飞行系统的无线电遥控设备（radio control，RC）。常见的多旋翼无人机遥控系统如图 1.56 所示。

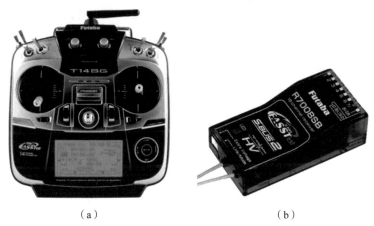

（a）　　　　　　　　　　　　　　　（b）

图 1.56　常见的多旋翼无人机遥控系统

（a）发射机；（b）接收机

无线电遥控设备是多旋翼无人机遥控系统中的关键部分，它可以在需要的情况下通过手动的方式来控制无人机。一个无线电遥控系统包含一个发射机（就是手里拿着的遥控器），发射机上有操纵杆和按键，可通过它们来控制飞行器。当移动操纵杆或者按下按键时，无线电发射机就会通过无线电信号，向飞行器上的接收机发送指令。接收机收到信号后，输出指令给飞行控制器，从而执行所要求的动作。

大型无人机采用测控地面站进行控制，一般遥控距离可达 30 km，采用地面虚拟现实系统进行虚拟控制。

7）飞控系统

飞控系统可视为多旋翼无人机的大脑，它处理所有采集到的信息并发送相关指令给电动机和控制舵面，以执行特定的动作。根据机型的不同，可以有不同类型的飞控系统，即支持固定翼、多旋翼及直升机的飞控系统。常见的飞控系统如图 1.57 ~ 图 1.60 所示。

飞控系统集成了高精度的传感器元件，主要由陀螺仪（飞行姿态感知）、加速计、角速度计、气压计、GPS 及指南针模块和控制电路等部件组成。它们用于在飞行时测量无人机的运动参数。飞控系统使用这些信息来保持无人机的飞行状态，并通过控制电动机和其他控制舵面向预定目标飞行。

图 1.57　APM 飞控系统

图 1.58　Pixhawk 飞控系统

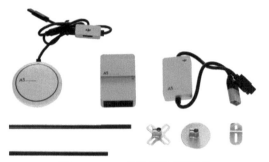

图 1.59　A3 多旋翼飞控系统

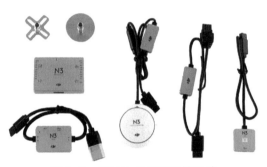

图 1.60　NAZA 多旋翼飞控系统

多旋翼无人机飞控系统的主要功能是使飞行器能够按照给定指令给出相应的响应，并能稳定可靠地飞行，具体表现在以下几方面：

（1）具有实时、有效地采集加速度传感器、陀螺仪、磁罗盘、气压传感器等机载传感器信息的能力。为了便于后期的扩展功能，还需预留扩展口。

（2）能够快速从机载传感器中获取到所需的有用数据和信息，确定当前无人机的飞行状态。

（3）能够通过无线通信链路实现控制指令的传送，并将无人机的飞行状态传给地面接收装置，方便地面站对多旋翼无人机进行控制和飞行状态监测。

（4）可手控也可自控。通过手控和自控的双保险，可保证无人机的安全飞行，应对一些突发状况。

（5）能够实现飞行器的飞行姿态控制、航向控制、高度控制、自主飞行等模式的控制律解算。

多旋翼无人机飞控系统的功能随着开源飞控系统的发展而不断发展。开源飞控系统的发展可分为三代。

第一代开源飞控系统，以使用 Arduino 或其他类似的开源电子平台为基础，扩展连接各种 MEMS 传感器，能够让飞行器平稳地起飞，其主要特点是模块化和可扩展能力。

第二代开源飞控系统，大多拥有自己的开源硬件、开发环境和社区，采用全集成的硬件架构，将全部传感器、主控单片机、GPS 等集成在一块电路板上，以提高可靠性。它使用全数字三轴 MEMS 传感器组成航姿系统，能够控制飞行器完成自主航线飞行，同时可加装电台与地面站进行通信，初步具备完整自动驾驶仪的功能。此类飞控系统具备多种飞行模式，包含手动飞行、半自主飞行和全自主飞行。第二代开源飞控系统的主要特点是高集成性、高可靠性，其功能已经接近商业自动驾驶仪标准。

第三代开源飞控系统，在软件和人工智能方面进行革新。它增加集群飞行、图像识别、自主避障、自动跟踪飞行等高级飞行功能，向机器视觉化、集群化、开发过程平台化的方向发展。目前市场上的多旋翼无人机使用的飞控系统大多属于第二代飞控系统，正在向第三代飞控系统发展。

8）连接关系

以四旋翼无人机为例，各种器件的连接关系如图 1.61 所示。

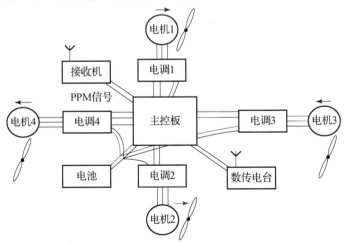

图 1.61　桨叶、电机、电调与主控板的连接关系

第 2 章
小型飞行器的飞行原理

2.1　空气动力学

2.1.1　大气物理性质

1. 大气组成

大气是指包围在地球周围的气体，由干洁空气、水汽和大气杂质等组成。干洁空气由氮气（占 78%）、氧气（占 21%）及其他气体（占 1%）组成，其他气体包含二氧化碳、氩气、氮气、氖气、臭氧等。

无人机在大气层飞行所处的环境称为大气环境，大气环境中的空气密度、温度、压强等因素对无人机的飞行影响很大。飞行的大气层中空气的密度、温度、压强等参数随高度的变化而变化。

2. 大气的状态参数和状态方程

大气的状态参数主要包括大气的压强 P（单位为 Pa）、温度 T（绝对温度，单位为 K）和密度 ρ（单位为 kg/m^3），这 3 个参数决定了气体状态，组成气体状态方程：

$$P = \rho R T \tag{2.1}$$

式中，R——大气气动常数，$R = 287.05\ J/(kg \cdot K)$。

根据状态方程，可以分析得出以下结论：

（1）当温度不变时，压强与密度成正比，即：一定质量的气体，保持温度不变，若压强增大，则会使气体体积缩小，密度随之增大；若压强减小，则气体体积增大，密度随之减小。

（2）当密度不变时，压强与温度成正比，即：一定质量的气体，保持体积不变（也就是密度不变），当温度升高时，压强会增大。

（3）当压强不变时，密度与温度成反比，即：一定质量的气体，保持压强不变，当温度增高时，会引起气体膨胀（即体积变大）。

3. 国际标准气压

由大气飞行环境可知，大气的密度、温度和压力等参数随着地理位置、离地面的高度和季节等因素的变化而变化，从而影响航空器的空气动力和飞行性能。为了适应飞行器设计、试验和分析的需要，准确描述飞行器的飞行性能，就必须建立统一的标准，即标准大气。目前，我国采用的是国际标准大气（ISA）。它是由国际权威性机构或组织颁布的一种"模式大气"，依据实测资料，用简化方式近似地表示大气温度、压强和密度等参数的平均值，形成国际标准大气。

比较通用的国际标准大气规定：大气被看成完全气体，服从气体的状态方程；以海平面的高度为零高度；在海平面上，气温为 15℃，密度为 1.225 kg/m³，声速为 341 m/s，此条件下的大气压力为一个标准大气压。

4. 大气的黏性

大气的黏性是空气在流动过程中表现出的一种物理性质。当空气内部各个层间存在相对运动时，相邻的两个运动速度不同的层间相互牵扯的特性称为空气黏性，相邻的具有不同流速的大气层间相互运动时产生的牵扯作用力称为空气的黏性力。

大气的黏性主要是气体分子做不规则运动的结果。假设把流动的大气划分为不同层（图 2.1），当层与层之间的流动速度不同时，上层流速大于下层流速，流得快的一层（上层）的大气分子由其不规则运动而侵入下层，进而促使下层大气加速，流得慢的一层（下层）的气体分子进入上层会使上层大气减速，由此相邻的两层大气之间就产生了相互牵扯的内摩擦力，即黏性力。

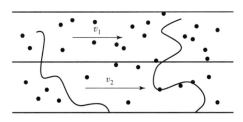

图 2.1　流速不同的相邻大气层

大气流过物体时产生的摩擦阻力与大气的黏性有关，因此无人机飞行时所产生的阻力与大气的黏性也有很大关系。

不同流体的黏性是不同的。流体黏性的大小可以用流体的内摩擦系数来衡量。在常温下，水的内摩擦系数为 1.002×10^{-3} Pa·s，而空气的内摩擦系数为 1.81×10^{-5} Pa·s，其值仅为水的 1.81%。因此，空气的黏性很小，不易察觉。一般情况下，空气对物体的黏性作用力可以不予考虑，但对于像无人机这样在空气中快速运动的物体，由于空气黏性作用在无人机外表面上的摩擦阻力已不是一个小数值量，因此必须加以考虑。

流体的黏性和温度有关。随着流体的温度升高，液体的黏性减小，而气体的黏性将增加。这是因为，液体产生黏性的主要原因是相邻流动层分子间有内聚力，随着温度升高，液体分子热运动加剧，分子间的内聚力减小了，故黏性也会减小；对气体来说，气体产生黏性的主要原因是相邻流动层分子间产生内摩擦力，随着温度升高，分子间的横向动量交换加剧，层与层之间的相互牵扯力也增加，故黏性增大。

当物体在空气中的运动速度比较低时，黏性的作用可以忽略，此时，可以采用理想流体模型来进行理论分析。通常把不考虑黏性的流体（即流体的内摩擦系数趋于零的流体）称为理想流体或无黏流体。

5. 可压缩性

气体的可压缩性是指当空气流过物体时，在物体周围各处，气流速度会有增加或减小的变化，相应气体压强会有减小或增大的变化，进而影响其密度和体积也改变的性质。气体密度的变化就是可压缩性的体现。液体对这种变化的反应很小，因此一般认为液体是不可压缩的；而气体对这种变化的反应很大，所以通常气体是可压缩的。

当大气流过飞行器表面时，由于飞行器对大气的压缩作用，大气压强会发生变化，密度也会随之发生变化。当气流的速度较小时，压力的变化量较小，其密度的变化也很小，因此在研究大气低速流动的情况时，可不考虑大气可压缩性的影响。一般将民用固定翼无人机和多旋翼无人机的飞行均认为是低速飞行，不考虑气体的可压缩性。

然而，当大气流动的速度较高时，受可压缩性的影响，大气以超声速流过飞行器表面时与低速流过飞行器表面时的情况有很大差别，在某些方面甚至还会发生质的变化，此时就必须考虑大气的可压缩性。例如，当无人直升机做大速度飞行时，旋翼翼尖的相对气流速度很大（接近声速），该处的空气密度变化程度很大，密度的变化量显著，旋翼翼尖会出现超声速区并产生激波（压强、密度等突变的分界面）。激波是一种强的压缩波，会产生特别大的激波阻力，从而影响旋翼的正常工作。

2.1.2　气体流动规律

1. 相对运动原理

飞行器是靠飞行器与空气做相对运动时所产生的空气动力来克服自身的重力而升空的。如果没有相对运动，在飞行器上就不会产生空气动力。因此，要了解飞行原理，应该先了解飞行器与空气之间的相对运动。

根据牛顿第三运动定律：两物体间的作用力和反作用力总是作用在一条直线上，大小相等、方向相反。该定律可以用来分析无人机与空气之间的相对运动情况。假设固定翼无人机以 $v = 500$ km/h 的速度在静止的空气中飞行，气流以 $v = 500$ km/h 的速度从相反的方向流过静止的无人机，根据牛顿第三运动定律，可以认为这两者的相对速度都是 500 km/h，如图 2.2 所示。在这两种情况下，无人机上产生的空气动力完全相等。因此，可以把这两种运动情况看作等效。

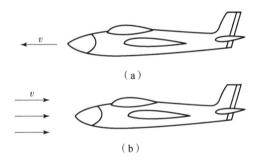

图 2.2　相对运动原理

（a）无人机以速度 v 飞行；（b）气流以速度 v 流过无人机

图 2.2 所示的两种情况中，虽然运动的对象不同，但所产生的空气动力效果是一样的。前一种是空气静止、物体运动；后一种是空气流动，物体静止。只要物体和空气之间有相对运动，就会在物体上产生空气动力。

无人机上产生的空气动力与无人机和空气之间的相对运动速度有很大关系，只要有相对运动，就会在无人机上产生空气动力。在实际飞行中，产生的空气动力是无人机在空气中以一定速度运动。但在实验研究和理论分析中，往往采用让无人机静止不动，而空气以相同大小的速度沿相反的方向流过无人机表面，这种情况下产生的空气动力效果与无人机以同样速度在空气中飞行所产生的空气动力效果完全一样，这就是飞行中所提出的"相对运动原理"。

2. 连续性假设

空气实际上是由大量微小的空气分子组成的。在标准大气状态下，每 1 mm³ 的空间里约含 2.7×10^{16} 个空气分子。分子之间存在间隙，且每个分子做无规则的热运动。热运动过程中空气分子两次碰撞之间所经过的平均路程称为空气分子的平均自由行程。

当飞行器在这种空气中运动时，由于飞行器的外形尺寸远远大于空气分子的自由行程，因此在研究飞行器和大气之间的相对运动时，将空气分子之间的距离完全忽略不计，即把大量的、单个分子组成的大气看成连续的介质，这就是在进行空气动力学研究时提出的连续性假设。连续性假设不仅为描述流体的物理属性和流动状态带来很大方便，也为理论研究提供了有力的数学工具。

然而，航天器所处的飞行环境为高空大气层和外层空间，空气分子间的平均自由行程很大，气体分子的自由行程大约与飞行器的外形尺寸在同一数量级（甚至更大）。在此情况下，就不能将大气看作连续介质了，连续性假设不再适用。

3. 连续性定理

质量守恒定律是自然界的基本定律之一，它说明物质既不会消失，也不会凭空增加。将这个定律应用在流体的流动上，可以得出结论：当流体低速、稳定、连续不断地流动时，流管里的任一部分流体都不能中断或积聚，在同一时间内流进任何一个截面的流体质量和从另一个截面流出的流体质量应当相等。

当气体稳定地、连续不断地流过一个粗细不等的变截面管道时，根据质量守恒定律，流过管道任一截面的气体都质量相等，如图2.3所示。

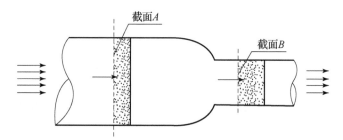

图2.3 流管内的气体在变截面管道内的流动情况

流过截面 A 的气体质量为 m_1，流过截面 B 的气体质量为 m_2，根据质量守恒定律，流过管道任一截面的气体质量相等，即

$$m_1 = m_2 \tag{2.2}$$

由 $m_1 = e_1 v_1 A_1$，$m_2 = \rho_2 v_2 A_2$，可得

$$\rho_1 v_1 A_1 = \rho_2 v_2 A_2 \tag{2.3}$$

式中，ρ_1, ρ_2——截面 A、截面 B 处的气体密度；

$\qquad v_1, v_2$——截面 A、截面 B 处的气体速度；

$\qquad A_1, A_2$——截面 A、截面 B 处的截面积。

截面可以任意选取，因此可以得出：单位时间内流过任一截面的气体都质量相等，即

$$\rho v A = 常数 \tag{2.4}$$

式中，ρ——大气密度，单位为 kg/m^3；

$\qquad v$——气体的流动速度，单位为 m/s；

$\qquad A$——所取截面的面积，单位为 m^2。

如果在流动过程中气体密度不变，即 $\rho_1 = \rho_2 = \rho$，则式（2.3）可简化为

$$v_1 A_1 = v_2 A_2 \tag{2.5}$$

式（2.5）称为不可压缩流体沿管道流动的连续性方程，说明了对于不可压缩气体，当气体流过管道时，流动速度和流管截面积之间的关系。由此看出，当低速定常流动时，气流速度的大小与流管截面积成反比，这就是连续性定理。也就是说，在截面积大的位置流速慢，在截面积小的位置流速快。

流体流动速度的快慢还可用流管中流线的疏密程度表示。流线密，则表示流体流速快；反之，流体流速慢。需要指出的是，连续性定理只适用于低速（流速低于 $0.3a$，a 为声速）范围，即可认为流体密度不变；该定理不适于亚声速，更不适于超声速的情况。

4. 伯努利定理

在日常生活中，可以观察到当气体流速发生变化时，气压也会发生变化。例如，两手各拿一张薄纸，使它们之间的距离为 $4 \sim 6$ cm，向这两张薄纸中间吹气，会出现这两张纸不但没有分开，反而相互靠近的情景，而且气体速度越快，两张纸就越靠近；再如，靠得很近的两只船并肩行驶时，会出现相互靠拢的现象，如图 2.4 所示。这些现象要用到伯努利定理进行解释。

能量守恒定律是自然界的基本定律。它说明能量既不会自行消失，也不会凭空产生，而只能从一种形式转化为另一种形式。伯努利定理便是能量守恒定律在空气动力学中的具体应用，它描述流体流动过程中流体压强和速度之间关系的流动规律。

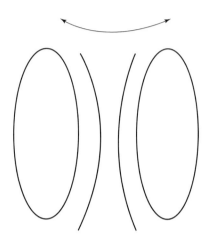

图 2.4　两只船在水中靠拢示意图

　　假设流体在管道粗细不均、共有 3 处不同截面的流管中流动，然后在这 3 处不同的流管上安装了 3 根粗细一样的玻璃管，流体在玻璃管中的高度则反映了该处的流体压强。因此，玻璃管实际上起到了"压力表"的作用。

　　首先，把容器和管道的进口与出口处的开关都关闭，此时管道中的流体没有流动，不同截面（A、B、C）处的流体流速均为 0，3 根玻璃管中的液面高度与容器中的液面高度一样，如图 2.5 所示。这表明，此时不同截面处的流体压强都是相等的。

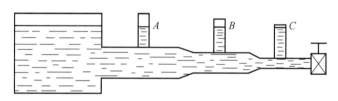

图 2.5　无流动时流体在容器和流管中

　　其次，把进口和出口处的开关同时都打开，使管道中的流体稳定地流动，并保持容器中的流体液面高度不变，即流入与流出的流体质量相同，如图 2.6 所示。通过观察可发现，3 根玻璃管中的液面高度变化了，不同截面处的液面高度各不相同，这说明流体在流动过程中，不同截面处的流体压强也不相同。从实验可以看出，在截面 A，管道的截面积较大，流体流动速度较慢，玻璃管中的液面较高，压强较大；在截面 C，管道的截面积较小，流体流动速度较快，玻璃管中的液面较低，压强较小。

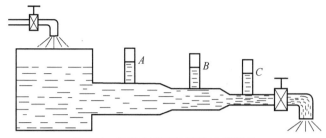

图 2.6　流体在容器和流管中的流动

因此，流体在变截面管道中稳定地流动时，流速大的位置压强小，流速小的位置压强大，这种压强和流速之间的变化关系就是伯努利定理的基本内容。严格来讲，管道中稳定流动的不可压缩理想流体在与外界没有能量交换的情况下，管道各处流体的动压和静压之和应始终保持不变，即

$$静压 + 动压 = 总压(常数)$$

伯努利定理的具体推导过程比较复杂，在此不做推导，只给出伯努利定理的结论。流管中，流入、流出两端面的能量差等于流体功的增加量。

在低速状态下，且气体不可压缩时，可得伯努利方程为

$$p_1 + \frac{1}{2}\rho_1 v_1^2 = p_2 + \frac{1}{2}\rho_2 v_2^2 = p_0 \tag{2.6}$$

式中，p_1, p_2——静压；

$\frac{1}{2}\rho_1 v_1^2, \frac{1}{2}\rho_2 v_2^2$——动压；

p_0——总压，它是动压与静压之和，也是气流速度为 0 时的静压。

由连续性定理和伯努利方程联合分析可知，不可压缩的理想流体在变截面管道中流动，且不与外界发生能量交换，则：在流体流过的截面积小的位置，流速大、动压大、静压小；在流体流过的截面积大的位置，流速小、动压小、静压大。

根据此内容分析上述自然现象：两只船中间的水流通道变窄，水的流速加快，由伯努利定理可知，两只船中间的水的压强会变小，因此船外侧的较大水压会把两只船压得越来越近，使之自动靠拢。

连续性定理和伯努利方程是分析与研究飞行器上空气动力产生的物理原因及其变化规律的基本定理。

5. 无人机的空气动力特点

无人机的空气动力理论大部分可参考有人飞机的空气动力学现有理论。其中，对于尺寸小、质量较轻的无人机，其空气动力特点有一定的特殊性，可参考无人机模型的气动力理论；对于飞行速度低于 $0.3a$ 的低速无人机，适

用于低速空气动力学理论，即有人飞机低速飞行理论；对于高速及超声速的无人机，可参考超声速飞机和导弹的研究成果，在本书中不展开介绍。

2.2 固定翼无人机的飞行原理

2.2.1 升力

1. 翼型的定义及几何参数

机翼横截面的轮廓称为翼型或翼剖面，是指沿平行于无人机对称平面的切平面雕刻机翼所得到的剖面，如图 2.7 所示。直升机的旋翼和螺旋桨叶片的截面也称为翼型。

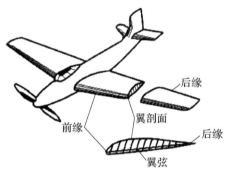

图 2.7　翼型

翼型的特性对固定翼无人机的性能有很大影响，选用最能满足设计要求和结构、强度要求的翼型是非常重要的。翼型各部分的名称如图 2.8 所示。一般翼型的前端圆钝、后端尖锐、下表面较平，呈鱼侧形。

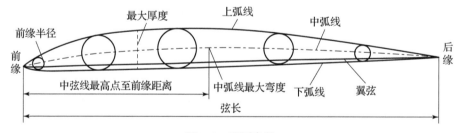

图 2.8　翼型参数

前端点叫作前缘，后端点叫作后缘，两端点之间的连线叫作翼弦，常用的几何参数如下。

（1）弦长。连接翼型前缘和后缘的直线段称为翼弦（也称为弦线），其长度称为弦长。

（2）最大厚度位置。翼型最大厚度所在位置离前缘的距离称为最大厚度位置，通常以其与弦长的比值来表示。

（3）相对厚度。翼型的厚度是垂直于翼弦的翼型上、下表面之间的直线段长度，翼型最大厚度与弦长之比称为翼型的相对厚度，常用百分数表示。低速飞机机翼的相对厚度为 12%～18%，亚声速飞机机翼的相对厚度为 10%～15%，超声速飞机机翼的相对厚度为 3%～5%。

（4）相对弯度。相对弯度是指翼型的最大弯度与弦长的比值，通常用百分数表示。翼型的最大弯度是指翼型中弧线与翼弦之间的最大垂直距离。翼型的相对弯度说明翼型上、下表面外凸程度的差别，相对弯度越大，则翼型上、下表面弯曲程度也相差越大；若中线和翼弦重合，则翼型是对称的。现代飞机翼型的相对弯度为 0～2%。

1）常用翼型

为了适应各种不同的需要，目前已发展出了多种翼型，从适用超音速无人机到手掷滑翔机的翼型都有。常用的翼型如图 2.9 所示。

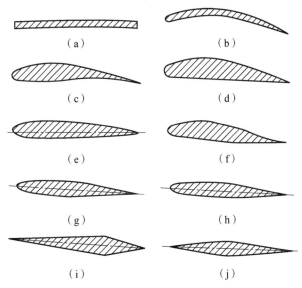

图 2.9　常用的翼型

（a）平板形翼剖面；（b）薄的单凸形翼剖面；（c）凹凸形翼剖面；（d）平凸形翼剖面；
（e）双凸形翼剖面；（f）S 形翼剖面；（g）对称的双凸形翼剖面；
（h）层流形翼剖面；（i）菱形翼剖面；（j）双弧形翼剖面

超声速飞机要求翼型具有尖前缘，已有的超声速翼型有双弧形翼型、菱形翼型，由于要兼顾各个速度范围的气动特性，因此目前低超声速飞机仍采用小钝头的对称翼型。

中小型无人机与一般飞机在气动力上的差别不大，翼型的选择可以按常规飞机的设计程序进行。高空长航时无人机及微型无人机有明显的特殊性，由于高空空气稀薄，因此高空长航时无人机在飞行时要用大升力系数。此外，它留空时间长，所以如果用喷气式发动机的无人机机翼，则升阻比大。根据这个要求，应选择大升阻比对应的升力系数大的翼型。高速无人机机翼和尾翼一般采用对称翼型；低速无人机机翼大多采用平凸形或双凸形翼型。

2）机翼平面形状

机翼按平面形状可分为矩形翼、椭圆翼、梯形翼、后掠翼和三角翼等，如图 2.10 所示。

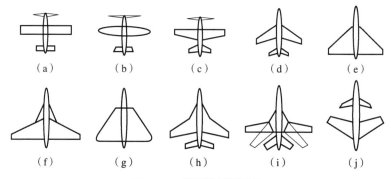

图 2.10　机翼的平面形状

（a）矩形翼；（b）椭圆翼；（c）梯形翼；（d）后掠翼；（e）三角翼；
（f）双三角翼；（g）S形前缘翼；（h）边条翼；（i）变后掠翼；（j）前掠翼

各种不同平面形状的机翼，其升力、阻力有差异，这与机翼平面形状的各种参数有关。机翼平面形状的几何参数主要有机翼面积、翼展、展弦比、后掠角、梯形比，如图 2.11 所示。

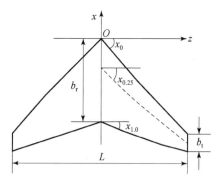

图 2.11　机翼平面形状的几何参数

（1）机翼面积：机翼在机翼基本平面上的投影面积，用 S 表示。

（2）翼展：在机翼之外刚好与机翼轮廓线接触，且平行于机翼对称面（通常是无人机参考面）的两个平面之间的距离，用 L 表示。

（3）展弦比：翼展的平方与机翼面积之比，或者翼展 L 与机翼平均几何弦长（机翼面积 S 除以翼展 L）之比，即 L^2/S。

（4）后掠角：翼面特征线与参考轴线相对位置的夹角，用 x 表示。通常用 x_0 表示前缘后掠角，用 $x_{0.25}$ 表示 1/4 弦线后掠角，用 $x_{1.0}$ 表示后缘后掠角。后掠角既表示机翼各剖面在纵向的相对位置，也表示机翼向后倾斜的程度。后掠角为负，则表示翼面有前掠角。

（5）梯形比：又称机翼梢根比，翼梢弦长与中心弦线长度之比，用 λ 表示，$\lambda = b_t/b_r$。[①]

2. 升力的产生及影响因素

1）升力的产生

翼弦与相对气流速度之间的夹角称为迎角，如图 2.12 所示。迎角是无人机飞行中产生空气动力的重要参数。迎角不同，相对气流流过机翼时的情况就不同，产生的空气动力就不同。迎角有正负之分，相对气流方向与翼弦平面下表面的夹角称为正迎角，相对气流方向与翼弦平面上表面的夹角称为负迎角。

图 2.12　迎角示意图

如图 2.13 所示，假设翼型有一个不大的迎角 α，当气流流到翼型的前缘时，气流分为上、下两股，分别流经翼型的上、下翼面。当气流流过上翼面时，流动通道变窄，气流速度增大；当气流流过下翼面时，由于翼型前端上仰，气流受到阻拦，且流动通道扩大，故气流速度减小。由连续性定理和伯努利定理可知，在翼型的上表面，因流管变细（即流管截面积减小），气流速度变大，故压强减小；在翼型的下表面，因流管变化不大，故压强基本不变。由此，翼型上、下表面产生压强差，形成总空气动力 R，R 的方向向后、向上，总空气动力 R 与翼弦的交点称为压力中心。根据它们实际所起的作用，可将总空气动

[①]　当机翼前缘与后缘基本上呈直线形，而在翼梢区为曲线时，可引入一适当选择的翼梢弦来定义梢根比。参见《飞行力学　概念、量和符号　第 6 部分：飞机几何形状》（GB/T 14410.6—2008）。

力分成两个分力：一个分力与气流速度垂直，起支托无人机的作用，即升力 Y；另一个分力与流速平行，起阻碍无人机前进的作用，即阻力 D。

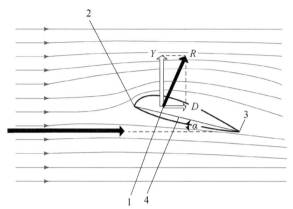

1—空气动力作用点；2—前缘；3—后缘；4—翼弦

图 2.13　升力产生示意图

机翼的升力由上、下翼面的压力差产生。机翼各部位升力的大小是不同的，要想了解机翼各部位升力的大小，就需要知道机翼表面压力分布的情况。

机翼上、下表面各处的压力分布如图 2.14 所示。空气压力是指空气的压强，即物体单位面积承受的空气垂直作用力。凡是比大气压力低的称为吸力（负压力），凡是比大气压力高的称为压力（正压力）。机翼表面各点的吸力和压力都可用向量表示，向量的长短表示吸力或压力的大小。向量的方向与机翼表面垂直，箭头方向朝外则表示吸力，箭头指向机翼表面则表示压力。将各个向量的外端用平滑的曲线连接，就得到了机翼表面的压力。压力最低（吸力最大）的一点称为最低压力点（B 点）；在前缘附近流速为 0，压力最高的一点称为驻点（A 点）。由图 2.14 可以看出，机翼升力主要靠上表面的吸力，而不是靠下表面的压力。

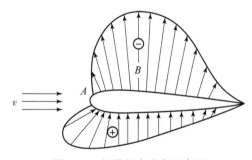

图 2.14　机翼压力分布示意图

2）升力公式

经过理论和实验证明，可得

$$Y = \frac{1}{2}C_y \rho v S \qquad (2.7)$$

式中，Y——升力，单位为 N；

　　　C_y——升力系数；

　　　ρ——空气密度，单位为 kg/m³；

　　　v——相对气流速度，单位为 m/s；

　　　S——机翼面积，单位为 m²。

式（2.7）即升力公式，升力公式是分析飞行问题和进行飞行性能计算最重要、最基本的公式。由升力公式可知，升力的大小与机翼面积、相对气流速度、空气密度及升力系数有关，而升力系数与迎角和翼型有关。因此，影响升力的主要因素有机翼面积、相对气流速度、空气密度、升力系数。

（1）机翼面积。升力主要由机翼产生，机翼上、下翼面的压力差所作用的机翼面积越大，则产生的升力就越大。计算时所指的机翼面积应包括与机翼相连的那部分机身的面积。根据升力公式，机翼所产生的升力与机翼面积成正比。

（2）相对气流速度。空气动力受相对气流速度的影响较大，相对气流速度越大，则产生的空气动力就越大，机翼上产生的升力也就越大。根据升力公式，升力与相对气流速度的平方成正比。

（3）空气密度。升力的大小和空气密度成正比，空气密度越大，则升力越大，当空气很稀薄时，机翼上产生的升力就变小了。

（4）升力系数。升力系数与机翼剖面形状和迎角有关，因此升力系数主要受机翼剖面形状和迎角的影响。

机翼剖面形状和迎角不同，升力系数就不同，则产生的升力也不同。不同的剖面形状和不同的迎角会使机翼周围的气流流动状态（包括流速和压强）等发生变化，进而导致升力改变。随着理论研究和实践探索的不断深入，人们已经设计制作出很多适用于不同需求的翼型，并通过实验总结出适用于不同飞行条件下的翼型的空气动力特性。

3）升力系数

翼型和迎角对升力的影响可以通过升力系数表现。某翼型的升力系数随迎角的变化曲线如图 2.15 所示。在一定翼型的情况下，升力系数起初随迎角的增大而增大；随着迎角继续增大，机翼的升力系数触顶而降，所对应的角度就是失速迎角（又称临界迎角），它对应着最大升力系数的数值；之后，再增大迎角，升力系数反而减小，出现失速现象。

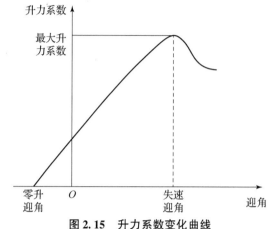

图 2.15　升力系数变化曲线

失速是指当迎角增大到一定程度时，气流会从机翼前缘开始分离，尾部出现很大的涡流区，这时升力会突然下降，而阻力迅速增大。某翼型在 0°～20°迎角下模拟飞行的状态如图 2.16 所示，可以看到，16°是失速迎角，此时尾部出现涡流区。

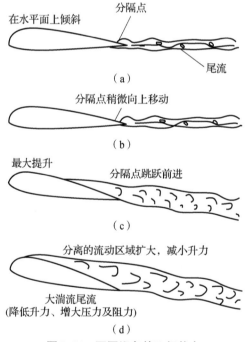

图 2.16　不同迎角的飞行状态

（a）迎角为 0°；（b）迎角为 5°；（c）迎角为 16°；（d）迎角为 20°

在低速飞行、高速飞行及转弯飞行 3 种情况下，迎角容易超过临界迎角。固定翼无人机在平飞时，如果飞得太慢就会失速。空速降低时，必须增加迎角来获得维持高速的升力，空速越低，迎角就必须越大，最终达到临界迎角，它导致无人机提供不了足够的升力来维持自身质量，于是无人机开始下降。如果空速进一步降低，就会失速，由于迎角已经超过临界迎角，因此机翼上会出现紊流。

失速时，常常伴随着螺旋，也就是当一侧机翼先于另一侧机翼失速时，无人机会朝先失速的一侧机翼方向沿纵轴旋转。发生螺旋是非常危险的，解除螺旋的基本方法是推杆到底，并向反方向拉杆，如果发动机在高速运转，则必须立即收油门，向螺旋相反方向打舵，待螺旋停止后，采用失速改平的方法。

3. 增升装置

固定翼无人机高速飞行或巡航飞行状态下，在迎角很小时，升力系数小，但相对气流速度较大，根据升力公式分析可知，仍能产生足够的升力来维持固定翼无人机的水平飞行；但在低速飞行时，尤其是在起飞或着陆时，相对气流速度较小，即使有较大迎角使升力系数增大，升力仍然很小，导致无人机不能正常飞行，并且迎角的增大是有限度的，超过临界迎角就会产生失速现象，给飞行造成危险。因此，需要采用增升装置，使无人机在低速下能产生足够的升力，从而提高其起飞和着陆性能。

由于升力与机翼面积、机翼剖面形状、迎角和相对气流速度有关，因此可通过以下增升原则来进一步提高无人机的升力：

①增大升力系数，改变机翼剖面形状，增大机翼弯度；

②增大机翼面积；

③改变气流的流动状态，控制机翼上的附面层，延缓气流分离。

常见的增升装置根据它们所处机翼上的位置分为前缘增升装置和后缘增升装置。前缘增升装置主要有前缘襟翼、机翼前缘下垂、前缘缝翼和克鲁格襟翼，如图 2.17 所示；后缘增升装置主要有简单襟翼、开裂襟翼、单缝襟翼、富勒襟翼、双缝襟翼和三缝襟翼，如图 2.18 所示。

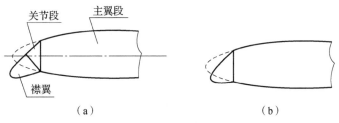

图 2.17　前缘增升装置示意图

(a) 前缘襟翼；(b) 机翼前缘下垂

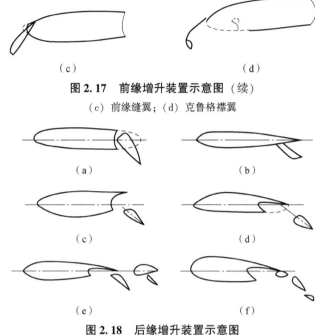

（c）　　　　　　　　　　　　（d）

图 2.17　前缘增升装置示意图（续）

（c）前缘缝翼；（d）克鲁格襟翼

（a）　　　　　　　　　　　　（b）

（c）　　　　　　　　　　　　（d）

（e）　　　　　　　　　　　　（f）

图 2.18　后缘增升装置示意图

（a）简单襟翼；（b）开裂襟翼；（c）单缝襟翼；
（d）富勒襟翼；（e）双缝襟翼；（f）三缝襟翼

2.2.2　阻力

1. 阻力的产生及影响因素

只要物体与空气有相对运动，就必然有空气阻力作用于物体。无人机飞行时，不但机翼上会产生阻力，而且无人机的其他部件（如机身、尾翼、起落架等）也会产生阻力，机翼阻力只是无人机总阻力的一部分。低速飞行时，阻力按其产生的原因不同，可分为摩擦阻力、压差阻力、诱导阻力和干扰阻力。

1）摩擦阻力

摩擦阻力是因大气的黏性而产生的。当气流以一定速度 v 流过无人机表面时，由于大气的黏性，空气微团与无人机表面发生摩擦，阻滞了气流的流动，因此产生了摩擦阻力。

摩擦阻力的大小取决于空气的黏性、无人机表面的状况、附面层中气流的流动情况，以及与气流接触的无人机表面积的大小。空气的黏性越大，无人机表面越粗糙，无人机的表面积越大，则摩擦阻力越大。要想减少摩擦阻力，既可以减少无人机与空气的接触面积，也可以把表面做光滑些，还可选择升阻比大的翼型，以及减小相对气流速度。

2）压差阻力

压差阻力是由运动着的物体前后所形成的压力差产生的。如图 2.19 所示，在气流中垂直竖立平板，气流流到平板的前面受到阻拦，速度下降，压强增加，形成高压区（用"＋"表示），气流流过平板后，压强下降，形成低压区（用"－"表示）并形成许多旋涡，这就是气流分离。由于平板的前面压力大大增加、后面压力减小，前后形成了很大的压力差，因此产生很大的阻力，这种阻力称为压差阻力。压差阻力的大小与物体的迎风面积、形状及迎角有关。

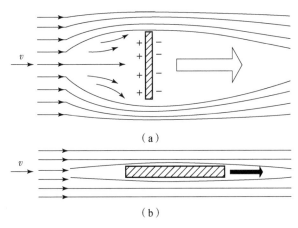

（a）

（b）

图 2.19　压差阻力示意图

（a）平板与相对气流方向垂直；（b）平板与相对气流方向平行

迎风面积是指物体垂直于迎面气流的剖面积，如图 2.20 所示。物体的迎风面积越大，压差阻力就越大。因此，在保证装载所需容积的情况下，为了减小机身的迎风面积，应将机身横截面的形状采取圆形或近似圆形（在相同体积下，圆形的面积数较小）。

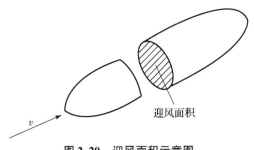

迎风面积

图 2.20　迎风面积示意图

物体形状对压差阻力也有很大的影响。把一块平板垂直放在气流中，平板前面的气流被阻滞，压强升高，平板后面会产生大量的涡流，造成气流分离而形成低压区，这样它的前后会形成很大的压差阻力，如图2.21（a）所示；如果在圆形平板的前面加上一个圆锥体，它的迎风面积并没有改变，但形状变了，这时平板前面的高压区就被圆锥体填满了，气流可以平滑地流过，压强不会急剧升高，显然这时平板后面仍有气流分离低压区存在，但是前后的压强差大大减小，因而压差阻力降低到原来平板压差阻力的1/5左右，如图2.21（b）所示；如果在平板后面再加上一个细长的圆锥体，把充满旋涡的低压区也填满，使得物体后面只出现很少的旋涡，压差阻力将降低到原来平板的1/25～1/20，如图2.21（c）所示。像这样前端圆钝、后端尖细，像水滴或雨点似的物体，叫作流线型物体，简称流线体。在迎风面积相同的条件下，将物体做成前端圆钝、后端尖细的流线体，可以大大减小物体的压差阻力，其压差阻力最小。

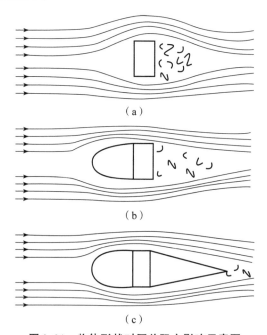

图2.21　物体形状对压差阻力影响示意图

（a）圆形平板剖面；（b）前部圆锥体；（c）后部圆锥体

除了物体的迎风面积和形状外，迎角也会影响压差阻力的大小。涡流区的压强与分离点处气流的压强大小相差不多。也就是说，分离点靠近机翼后缘，涡流区的压强比较大，压差阻力减小；分离点靠近机翼前缘，涡流区的压强减小，压差阻力会增大。可见，分离点在机翼表面的前后位置可以表明压差阻力的大小。分离点的位置主要取决于迎角的大小，机翼迎角越大，则分离点越靠近机翼前缘，涡流区压强越低，压差阻力越大。

3）诱导阻力

诱导阻力是随着升力而产生的，如果没有升力，则诱导阻力为零。因此，这个由升力诱导而产生的阻力叫作诱导阻力，又称升致阻力。

诱导阻力主要来自翼面，当固定翼无人机飞行时，下表面压力大、上表面压力小，由于机翼翼展的长度有限，因此下表面的高压气流就绕过翼尖流向上表面，如图 2.22 所示。这样在翼尖处就不断形成旋涡，随着无人机向前飞行，旋涡就从翼尖向后流去，形成翼尖涡流。翼尖涡流在机翼附近会产生诱导速度场，在整个机翼翼展长度范围内，方向都是向下的，称为下洗流。在下洗流的作用下，气流速度由 v 变为 v'，由 v 产生的升力 Y' 垂直于 v'，如图 2.23 所示。Y' 可分解为垂直于 v 的分量 Y 和平行于 v 的分量 D，其中 Y 起着升力的作用，D 则起着阻碍无人机飞行的作用。因此，由下洗流而产生的这个附加的阻力 D 就是诱导阻力。

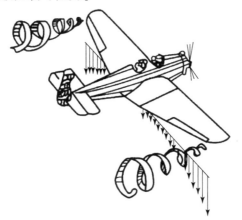

图 2.22　气流绕翼尖流动示意图

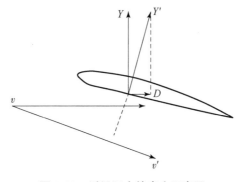

图 2.23　诱导阻力的产生示意图

4) 干扰阻力

干扰阻力是无人机各部分之间因气流相互干扰而产生的一种额外阻力。无人机的各部件（如机翼、机身、尾翼等）单独放在气流中所产生的阻力总和并不等于把它们组成一架无人机放在气流中所产生的阻力，往往是后者大于前者，多出来的部分就是干扰阻力。

干扰阻力主要产生在机身和机翼、机身和尾翼、机翼和发动机短舱、机翼和副油箱之间。气流流过机翼和机身的连接处，在机翼和机身结合的中部，由于机翼表面和机身表面都向外凸出，故流管收缩；而在后部由于机翼表面和机身表面都向内弯曲，故流管扩张。由此，形成了一个截面面积先收缩后扩张的气流通道，如图 2.24 所示。根据连续性定理和伯努利方程，气流在流动过程中压强先变小后变大，导致后边的气流有往前回流的趋势，形成一股逆流，逆流与迎面气流相遇，相互干扰，因此叫作干扰阻力。

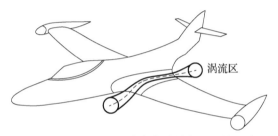

图 2.24　机翼和机身结合部气流的相互干扰示意图

为了减少干扰阻力，在设计中应妥善考虑和安排各部件的相对位置，同时加装整流片，连接过渡圆滑，以减小旋涡的产生。

2. 总阻力

1) 总阻力分析

低速无人机所受的阻力主要有摩擦阻力、压差阻力、诱导阻力和干扰阻力。其中，诱导阻力与升力有关，是产生升力时伴随产生的；摩擦阻力、压差阻力和干扰阻力都与升力无关，因此统称零升阻力或废阻力。总阻力是诱导阻力和废阻力之和，这 4 种阻力对飞行总阻力的影响随着飞行速度和迎角的不同而变化。某翼型无人机的总阻力随速度变化的曲线如图 2.25 所示。从图中可见，诱导阻力随着速度的增大而减小，废阻力随着速度的增大而增大的，当诱导阻力和废阻力相等时，总阻力最小。

2) 阻力公式

经过理论和实验证明，可得出阻力公式如下：

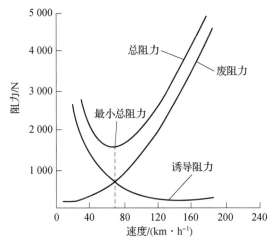

图 2.25 某翼型无人机的总阻力随速度变化的曲线

$$X = \frac{1}{2}C_x \rho v S \qquad (2.8)$$

式中，X——阻力，单位为 N；

C_x——阻力系数；

ρ——空气密度，单位为 kg/m³；

v——相对气流速度，单位为 m/s；

S——机翼面积，单位为 m²。

由阻力公式可知，阻力的大小与机翼面积、相对气流速度、空气密度及阻力系数有关，而阻力系数与迎角和翼型有关。

3）阻力系数

某翼型的阻力系数曲线如图 2.26 所示，反映了阻力系数随迎角 α 变化的

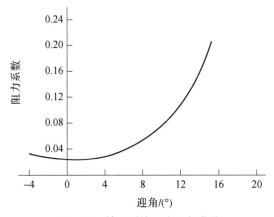

图 2.26 某翼型的阻力系数曲线

规律。从图中可见，阻力系数随着迎角的增大而不断增大，在小迎角下，阻力系数较小，且增大较慢；在大迎角下，阻力系数增大得较快；超过临界迎角后，阻力系数急剧增大。

2.2.3　升阻比

衡量无人机的空气动力性能时，不能仅从升力（或阻力）来看，而必须将两者结合，以较小的阻力获得所需的升力才能提高飞行效率，因此主要关注升阻比。

升阻比是在相同迎角下升力 Y 与阻力 X 之比，即升力系数与阻力系数之比。升阻比用 K 表示，计算如下：

$$K = \frac{Y}{X} = \frac{\frac{1}{2}C_y \rho v S}{\frac{1}{2}C_x \rho v S} = \frac{C_y}{C_x} \tag{2.9}$$

某翼型的升阻比曲线如图 2.27 所示，升阻比曲线表达了升阻比随迎角变化的规律。从曲线可以看出，升阻比存在一个最大值 K_{max}，称为最大升阻比，此时对应的迎角叫作最小阻力迎角 α_e，又称有利迎角。

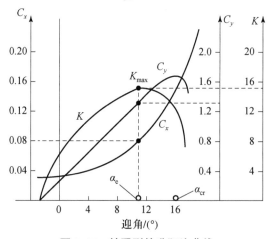

图 2.27　某翼型的升阻比曲线

当迎角由小逐渐增大时，升阻比也逐渐增大；当迎角增至最小阻力迎角时，升阻比增至最大；迎角再增大，升阻比反而减小。这是因为，在最小阻力迎角之前，随迎角增大，升力系数成线性增大，而阻力系数增加缓慢，升力系数比阻力系数增大的幅度大，因此升阻比增大，达到最小阻力迎角时，升阻比达到最大值。在最小阻力迎角之后，随迎角增大，升力系数比阻力系数增大的幅度小，因此升阻比减小。迎角超过临界迎角 α_{cr} 后，由于压差阻力急剧增大，故升阻比急剧降低。在最小阻力迎角下飞行是最有利的，因为这时产生相同的升力，所受的阻力最小，空气动力效率最高。

2.2.4　拉力

固定翼无人机要能实现飞行，必须有足够的相对气流速度，除了少数大型高速无人机采用喷气式发动机外，大部分的轻微型民用固定翼无人机都依靠螺旋桨产生拉力/推力（实质上，拉力也是推力，只是对于螺旋桨无人机，习惯上将其称为拉力），进而产生相对气流速度来实现飞行。因此，螺旋桨的工作情况直接影响无人机飞行性能甚至安全。本节主要对固定翼无人机常用的拉力螺旋桨工作原理进行介绍。

1. 螺旋桨介绍

螺旋桨是指靠桨叶在空气中或水中旋转，将发动机转动功率转化为推进力的装置，可有两个或较多的桨叶与毂相连。螺旋桨的拉力是电动固定翼无人机和油动固定翼无人机常用的前进动力。螺旋桨的运作好坏直接影响拉力大小，而拉力大小又关系到无人机的飞行性能。螺旋桨的拉力是由各个桨叶的拉力构成的，由于桨叶的剖面形状与机翼剖面相似，所以螺旋桨产生拉力的原理和机翼产生升力的原理基本相同。桨叶的平面形状很多，常用的有普通桨叶、矩形桨叶和马刀形桨叶，如图 2.28 所示。

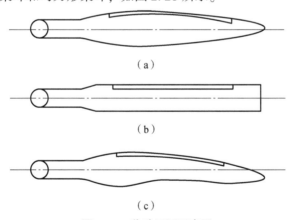

（a）

（b）

（c）

图 2.28　桨叶平面示意图

（a）普通桨叶；（b）矩形桨叶；（c）马刀形桨叶

螺旋桨各部分的名称与机翼有很多相似之处，桨叶相当于机翼的翼面，桨叶也有前缘和后缘，桨叶的剖面形状也和机翼的剖面形状差不多。但是无人机飞行时，螺旋桨一面旋转产生拉力，另一面又前进，所以它的工作情况要比机翼复杂得多。

1）右旋螺旋桨和左旋螺旋桨

在螺旋桨后面（从机尾看向机头）观察螺旋桨旋转，如果看到螺旋桨顺时针旋转，则将这种螺旋桨称为右旋螺旋桨；反之，称为左旋螺旋桨。

大多数活塞发动机采用右旋螺旋桨，这是因为使用的螺钉和螺纹都是右旋居多。在旋转过程中，螺旋桨相对转轴旋转会变得越来越紧，保证安全。

2）螺旋桨直径

螺旋桨直径是指螺旋桨两个桨尖之间的距离，也可以认为是螺旋桨旋转时最大旋转面的直径。

3）桨叶角

螺旋桨旋转时，通过螺旋桨上一点且垂直于旋转轴的一个假想的平面称为旋转平面。桨叶角是指桨叶剖面的弦线与旋转平面之间的夹角 φ，如图 2.29 所示。

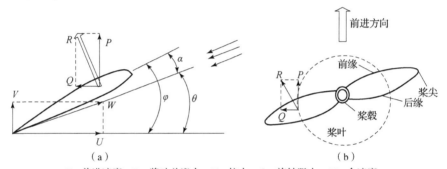

V—前进速度；R—桨叶总迎力；P—拉力；Q—旋转阻力；W—合速度；

U—桨叶旋转线速度；φ—桨叶角；α—桨叶迎角；θ—气流角

图 2.29　螺旋桨工作原理示意图

（a）桨叶角示意图；（b）螺旋桨上一点的桨叶角

螺旋桨的桨叶角并不是固定不变的，越靠近旋转轴，剖面的桨叶角就越大；越接近桨尖，剖面的桨叶角就越小。从螺旋桨的桨尖到桨根，桨叶角的扭转程度是逐渐增大的。

4）旋转速度

旋转速度是指螺旋桨旋转时桨叶上任一剖面沿圆周切线方向的旋转线速度 U，计算式为

$$U = 2\pi rn \tag{2.10}$$

式中，r——桨叶上任一剖面到旋转轴的距离；

n——螺旋桨每分钟的旋转圈数。

由于螺旋桨桨叶各剖面到旋转轴的距离都不相等，所以螺旋桨旋转时，各剖面的旋转路线也不相等。越靠近桨尖，半径就越大，旋转速度也就越大。

5）前进速度

飞行时，由于桨叶随无人机一起运动，所以螺旋桨的前进速度 V 等于无人机的飞行速度。

6）合速度

合速度是指螺旋桨旋转时产生拉力，使无人机向前飞行。合速度 W 是螺旋桨旋转引起的相对气流速度 U 和无人机前进作用在桨叶上的相对气流速度 V 的矢量和，如图 2.29（a）所示。

7）桨叶迎角

桨叶迎角是指桨叶剖面的弦线与合速度方向之间的夹角 α。如果无人机没有前进速度，那么桨叶角 φ 就等于桨叶迎角 α。所以，一般情况下桨叶迎角总是小于桨叶角的。

与机翼情况相似，这个角度的大小决定了桨叶剖面产生的拉力大小。

8）气流角

气流角是指合速度与旋转速度之间的夹角。由于桨叶各剖面处的旋转速度都不相同，所以越靠近桨尖，气流角就越小。

2. 螺旋桨工作原理

1）受力分析

空气以一定的迎角流向桨叶时，气流流过桨叶前桨面，就像流过机翼上表面一样，流管变细，流速加快，压力下降；气流流过桨叶后桨面，就像流过机翼下表面一样，流管变粗，流速减慢，压力增大。气流流近桨叶前缘，受到阻挡，流速减慢，压力增大；气流流近桨叶后缘，气流分离，形成涡流区，压力下降。

这样，在桨叶的前后桨面和前后缘均形成压力差，再加之气流作用于桨叶上的摩擦阻力，就构成了桨叶上的总迎力 R，根据总迎力 R 对螺旋桨运动所起的作用，可将它分解成两个分力：一个是与桨轴平行、拉着螺旋桨和无人机前进的拉力 P；另一个是与桨轴垂直、阻碍螺旋桨旋转的旋转阻力 Q，如图 2.29 所示。

2）影响因素

影响螺旋桨的拉力和旋转阻力的因素与影响机翼的升力和阻力的因素非常类似，主要有桨叶迎角、桨叶切面合速度、空气密度、螺旋桨直径、桨叶数目、桨叶切面形状及维护使用情况等。

结合升力公式分析可知，与机翼迎角对升力和阻力的影响相似，在一定的桨叶迎角范围内，桨叶迎角增大，则螺旋桨的拉力增大，旋转阻力也增大；超过某一迎角（相当于机翼上的临界迎角）后，迎角增大，拉力减小，而旋转阻力继续增加。

桨叶切面合速度和空气密度增大，则桨叶总空气动力增大，故拉力和旋转阻力也增大；反之，则减小。螺旋桨直径增大，一方面相当于增大了桨叶面积；另一方面还引起桨尖切向速度增大，而使合速度增大，故拉力和旋转阻力都将增大。但是，不能认为螺旋桨的直径越大越好，直径太大，有可能导致桨尖速度接近声速而产生激波，不但拉力不一定增大，旋转阻力还可能急剧增加。

桨叶数目增多，则桨叶总面积增大，故拉力和旋转阻力增大。然而，若桨叶数目过多，则各桨叶之间干扰加剧，会使旋转阻力增加的倍数大大超过拉力增加的倍数，这对螺旋桨的工作是很不利的。

3. 螺旋桨的副作用

在工作中，螺旋桨一方面会产生拉力，提供无人机的前进动力；另一方面还会产生一些对飞行不利的副作用。

1）螺旋桨的进动原理

当无人机做俯仰运动或转动时，即螺旋桨转轴受操纵力矩作用时，螺旋桨并不完全按照预定的方向转动，而是会绕另一个方向偏转，这种现象叫作螺旋桨的进动。

如图 2.30 所示，从机尾向机头看去，螺旋桨顺时针转动时，如果拉杆使机头上仰，则给螺旋桨一个上仰力矩。当螺旋桨叶转到垂直位置时，上方桨叶受到一个向后的作用力 F_1，产生了向后的加速度，下方桨叶受到一个向前的作用力 F_2，产生了向前的加速度。经顺时针转动，原来的上方桨叶转到右边时，出现向后的速度 v，原来的下方桨叶转到左边时，出现向前的速度 v，于是螺旋桨向右进动，并带动无人机向右偏转。

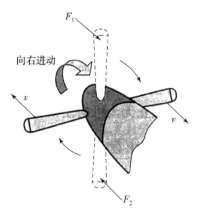

图 2.30　螺旋桨的进动原理示意图

2）螺旋桨的反作用力矩

螺旋桨在旋转中会对空气产生作用力，根据作用力和反作用力定律，空气也会对螺旋桨产生一个大小相等、方向相反的反作用力，即旋转阻力。旋转阻力对桨轴形成的力矩称为螺旋桨的反作用力矩。这个力矩通过发动机传给无人机，迫使无人机向螺旋桨转动的反方向倾斜。假设从机头看向机尾，螺旋桨逆时针旋转，则在螺旋桨反作用力矩的作用下，机身顺时针滚转，左侧机翼向下倾斜，如图 2.31 所示。

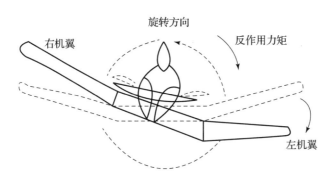

图 2.31　螺旋桨反作用力矩示意图

在实际飞行中，螺旋桨反作用力矩的大小与发动机功率有关，发动机功率越大则反作用力矩越大。因此，在加减油门的同时，飞手还应注意压杆修正反作用力矩的影响。

为克服反作用力矩对飞行的影响，一般可通过调整重心位置来使重心偏出对称面一定距离，然后利用无人机升力对重心的滚转力矩来抵消反作用力矩；还可调整发动机使其拉力线/推力线与纵轴形成一定夹角的方法，以抵消反作用力矩。

3）螺旋桨滑流的扭转作用

螺旋桨转动时，桨叶拨动空气，使空气向后加速流动且顺着螺旋桨的旋转方向扭转流动，这种由螺旋桨的作用而向后加速和扭转的气流叫作螺旋桨的滑流。假设从机尾向机头看去，螺旋桨顺时针旋转，则滑流流过机翼后被分成上、下两层，上层滑流自左向右后方扭转，下层滑流自右向左后方扭转。一般情况下，机身尾部和垂直尾翼都受到滑流上层部分的影响。如图 2.32 所示，螺旋桨产生的上层滑流从左方作用于机身尾部和垂直尾翼，产生向右的空气动力，对无人机重心形成偏转力矩，使机头向左偏转。

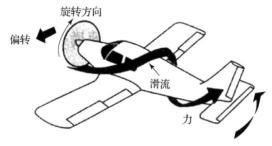

图 2.32　滑流引起扭转的示意图

空气动力越大，机头偏转得越厉害，空气动力主要与发动机功率和飞行速度有关。因此，为克服偏转所需的操纵量，应结合发动机油门和飞行速度进行综合考虑。例如，当螺旋桨顺时针转动，在飞行速度不变时，加大油门来增大发动机功率，则滑流扭转角增大，空气动力也相应增大，为克服无人机向左偏转，就需要增加右舵量；减小油门时，则操作相反。

2.2.5　平衡性

固定翼无人机在飞行时，所有作用于无人机上的外力之和为零，所有外力对重心所产生的力矩之和也等于零的状态，称为平衡状态，等速直线运动是固定翼无人机的一种平衡状态。

平衡问题归结为纵向平衡、横向平衡和航向平衡的问题。这 3 种平衡状态都满足所有合力为零和合力矩为零的条件，主要表现为将作用于无人机上的所有力分解到垂直方向和水平方向上，所有分解到垂直方向上的合力为零，所有水平方向上的合力也为零，所有绕重心的合力矩为零。在后续分析中不再对合力为零进行分析，主要分析力矩平衡。

1. 重心

重力的作用点就是无人机的重心，如图 2.33 所示。重心的位置通常用重心在平均空气动力弦长上的投影点到前缘的距离 $x_{重}$ 占平均空气动力弦长 b_{MC} 的百分数来表示。平均空气动力弦是指假想的矩形翼的翼弦，该矩形翼的面积、空气动力、俯仰力矩等特性都与原机翼等效，如图 2.34 所示。

2. 坐标轴

无人机的任何一种运动都可以分解成全机随着重心的移动和绕重心的转动。研究固定翼无人机飞行运动时，选取机体的坐标原点与机体固连，原点位于机体的重心，如图 2.35 所示。

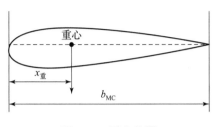

图 2.33　重心位置

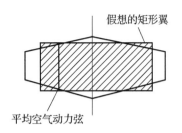

图 2.34　平均空气动力弦

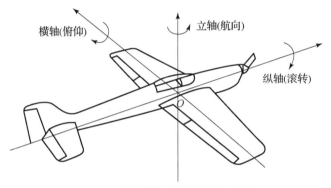

图 2.35　机体轴及对应转动示意图

纵轴过重心，在无人机对称面内，沿机身轴线，箭头指向机头方向。无人机绕纵轴的转动叫作滚转或横滚运动。

立轴过重心，在无人机对称面内，沿与纵轴垂直的直线，箭头指向上方。无人机绕立轴的转动叫作偏转或偏航运动。

横轴过重心并与对称面垂直，箭头指向右机翼。无人机绕横轴的转动叫作俯仰运动。

飞行中无人机姿态的改变都是通过绕以上 3 轴中的一个（或多个）移动（或转动）来实现的。

3. 纵向平衡

纵向平衡是指无人机在纵向平面内做等速直线飞行，且不绕横轴转动的运动状态。当无人机做等速直线飞行时，使其绕横轴俯仰的力矩主要由作用在机翼、机身和尾翼上的升力、发动机的推力和阻力产生，如图 2.36 所示。图中，$L_翼$ 为机翼升力，$L_尾$ 为水平尾翼升力，$L_身$ 为机身升力，D 为空气阻力，T 为发动机推力（螺旋桨拉力）；a、b、c、d、e 为各力到无人机重心的垂直距离。

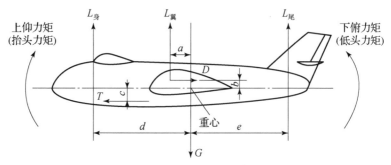

图 2.36 纵向力矩示意图

为了使无人机不绕横轴转动，保持纵向平衡，应使无人机的上仰力矩等于下俯力矩，即

$$L_{身}d = L_{尾}e \tag{2.11}$$

4. 横向平衡

横向平衡是指无人机做等速直线飞行，且不绕纵轴滚转的运动状态。当无人机做等速直线飞行时，使其绕纵轴滚转的力矩主要由两边机翼上的升力及其重力产生，如图 2.37 所示。图中，$L_{左}$、$L_{右}$ 为左机翼和右机翼的升力，$W_{左}$、$W_{右}$ 为左机翼和右机翼上的载重，a、b、c、d 为各力到无人机重心的垂直距离。

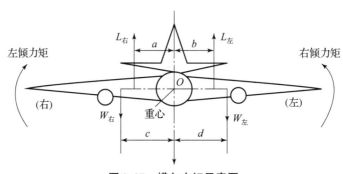

图 2.37 横向力矩示意图

为了使无人机不绕纵轴转动，保持横向平衡，应使无人机的右倾力矩总和等于左倾力矩总和，即

$$L_{右}a + W_{左}d = L_{左}b + W_{右}c \tag{2.12}$$

5. 航向平衡

航向平衡是指无人机做等速直线飞行，且不绕立轴转动的飞行状态。当无人机做等速直线飞行时，使其绕立轴转动的偏航力矩主要由两边机翼的阻

力和发动机的推力造成，如图 2.38 所示。图中，$D_左$、$D_右$ 为左侧和右侧的阻力，$T_左$、$T_右$ 为左发动机和右发动机的推力，a、b、c、d 为各力到无人机重心的垂直距离。

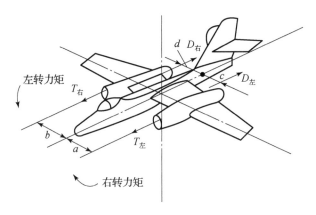

图 2.38　航向力矩示意图

为了使无人机不绕立轴转动，保持航向平衡，应使无人机的左转航向力矩总和等于右转航向力矩总和，即

$$D_左 c + T_右 b = D_右 d + T_左 a \tag{2.13}$$

2.2.6　稳定性

固定翼无人机在飞行过程中的平衡状态并非一直保持，其经常受到各种各样的干扰，这些干扰会使其偏离原来的平衡状态，而在干扰消失以后，无人机能否自动恢复到原来的平衡状态，就涉及无人机稳定或不稳定的问题。

稳定性通常分为静稳定性和动稳定性。在飞行过程中，如果无人机受到扰动而偏离原来的平衡状态，在扰动消失后，不经人为操纵，无人机具有自动恢复到原来平衡状态的趋势，则称其具有静稳定性。静稳定性只表明无人机在外界扰动作用后有无自动恢复到原来平衡状态的趋势，并不能代表整个稳定的过程。动稳定性就是无人机在外界瞬间扰动作用下的整个扰动运动过程，其结果可能是稳定的、中性稳定的或不稳定的。本节主要介绍静稳定性。

1. 纵向静稳定性

无人机受到微小扰动而偏离原来纵向平衡状态，在扰动消失后能自动恢复到原来纵向平衡状态的特性称为纵向静稳定性。

在飞行过程中，作用于无人机的俯仰力矩主要是机翼力矩和水平尾翼力矩。当纵向平衡受到破坏，导致无人机的俯仰姿态及迎角变化以后，在机翼、机身、尾翼上的升力都会发生变化。虽然升力的大小变了，但是附加升力的作用点保持不变，这些附加升力的合力作用点称为无人机的焦点，如图2.39所示。

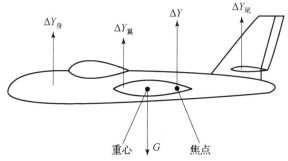

图 2.39 各部分的升力增量

如图2.40（a）所示，当无人机的重心位于焦点位置的前面，无人机受到扰动而机头上仰时，机翼和水平尾翼的迎角增大，会产生一个向上的附加升力 ΔY，该附加升力会对无人机产生下俯的稳定力矩 ΔM_{y1}，使无人机趋于恢复原来的状态；反之，当无人机受到扰动而机头下俯时，机翼和水平尾翼的迎角减小，会产生一个向下的附加升力，该附加升力对重心形成一个上仰的稳定力矩，也使无人机趋于恢复原来的稳定状态。

如图2.40（b）所示，当无人机重心位于焦点位置的后面时，无论是受到上仰还是下俯的干扰，附加升力都不能使无人机产生恢复到原来运动状态的趋势。

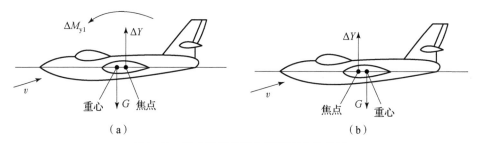

图 2.40 重心位置与纵向静稳定性的关系

（a）重心在焦点前；（b）重心在焦点后

因此，无人机的纵向静稳定性主要取决于无人机重心的位置，只有当重心位于焦点前面时，无人机才纵向稳定；如果重心位于焦点之后，则无人机纵向不稳定。重心前移可以增加无人机的纵向静稳定性，但并不是静稳定性越大越好。例如，重心前移导致稳定性过大，升降舵的操纵力矩就难以使无人机抬头，进而导致无人机的操纵性变差。

2. 横向静稳定性

无人机受扰动而偏离原来横向平衡状态，在扰动消失后能产生一个恢复力矩，使其趋于恢复原来的平衡状态，该特性称为横向静稳定性。

影响横向静稳定性的因素主要有机翼后掠角、机翼上反角和垂直尾翼。

1）机翼后掠角的作用

无人机在匀速直线飞行过程中，当有一个扰动从左前方吹来，进而影响到无人机的左翼，使左翼抬起、右翼下沉时，无人机受扰动面产生向右的倾斜，升力也跟着倾斜，无人机将沿着合力 R 的方向产生侧滑，如图 2.41（a）所示。在后掠角的作用下，右翼的有效速度大于左翼的有效速度，如图 2.41（b）所示。因此，在右翼上产生的升力将大于左翼上产生的升力，左、右机翼升力之差形成的滚转力矩将力图减小或消除倾斜，使无人机具有横侧向静稳定性。因此，具有机翼后掠角的无人机具有横侧向静稳定性。

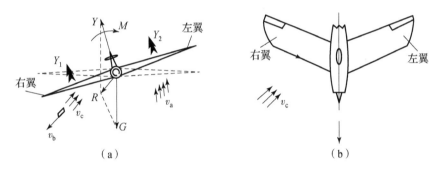

v_a—阵风速度；v_b—侧滑速度；v_c—相对风速；M—恢复力矩

图 2.41　后掠角与横向静稳定性示意图

（a）向右侧滑；（b）后掠角对有效速度的影响

2）机翼上反角的作用

无人机在匀速直线飞行过程中，当有一个扰动从左前方吹来，影响到无人机的左翼，使左翼抬起、右翼下沉时，无人机受扰动面产生向右的倾斜，顺着合力的方向，无人机将沿右前下方产生侧滑。此时，在上反角的作用下，右翼有效迎角增大，升力也增大；左翼则相反，有效迎角和升力都减小。左、右机翼升力之差形成的滚转力矩将力图减小（或消除）倾斜，进而消除侧滑，使无人机具有自动恢复横向平衡状态的趋势。因此，具有机翼上反角的无人机具有横侧向静稳定性。

3）垂直尾翼的作用

当无人机出现侧滑角时，会在垂直尾翼上产生侧力。由于垂直尾翼一般在机身的上方，故该侧力能提供一个滚转力矩，即横向恢复力矩。因此，垂直尾翼也具有横向静稳定性作用。

3. 航向静稳定性

无人机受到扰动而偏离原来方向平衡状态,在扰动消失后能趋于恢复原来的平衡状态的特性称为航向静稳定性。

固定翼无人机飞行主要靠垂直尾翼的作用来保证航向静稳定性。假设有外界扰动从左前方吹来,使无人机偏离了原来的航向,产生向右的侧滑,相对气流方向和固定翼无人机的对称面之间有一个侧滑角口。此时空气从无人机的左前方吹来作用在垂直尾翼上,产生向右的附加力 Z,如图 2.42 所示。该力对无人机重心形成一个方向稳定力矩,力图使机头左偏,消除侧滑,使无人机趋于恢复方向平衡状态。因此,垂直尾翼能起到保持航向静稳定性的作用。

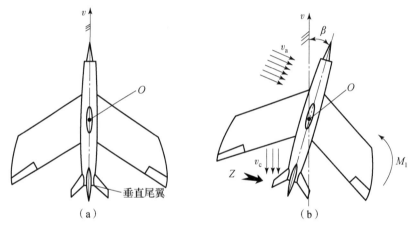

v_a—阵风速度;M_1—恢复力矩;v_c—相对风速;v—飞行速度

图 2.42 航向静态稳定性原理

2.2.7 操纵性

根据执行任务和飞行阶段的不同,无人机需要经常改变飞行状态,而不可能始终用一种平衡状态飞行。操纵性是指飞手通过操纵遥控器来改变固定翼无人机上的操纵舵面(升降舵、方向舵和副翼),以实现改变无人机飞行状态的能力。

操纵性的好坏与稳定性的大小有密切关系。稳定性越强,则表示无人机保持原有飞行状态的能力越强,要改变它就越不容易,操纵起来也就越困难;若稳定性过小,则操纵力也很小,很难掌握操纵的分量,也是不理想的。所以,要正确处理好稳定性与操纵性之间的关系。

对固定翼无人机的操纵，主要通过操纵 3 个舵面（包括升降舵、方向舵和副翼）来实现。

1. 纵向操纵性

纵向操纵性是指当飞手操纵升降舵后，无人机绕横轴转动，产生俯仰运动。飞手通过操纵升降舵向上偏转，在平尾上产生向下的附加升力 $\Delta L_{尾}$，该力对无人机重心形成使无人机抬头的操纵力矩 $M_{操纵力矩}$，如图 2.43 所示。在该力矩作用下，原有的平衡状态被破坏，无人机便绕横轴转动，使迎角增大；由于迎角增大，故产生附加升力 ΔL，作用点是无人机焦点。静稳定无人机的焦点位于重心之后，附加升力 ΔL 对重心形成俯仰稳定力矩，其方向与操纵力矩相反。随着迎角不断增大，最终使得稳定力矩与操纵力矩相等，迎角将不再增大，无人机便在新的迎角下保持平衡飞行。

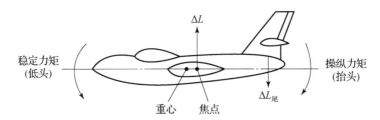

图 2.43　纵向操纵性原理示意图

同理，当操纵升降舵向下偏转时，会产生低头力矩，导致迎角减小，在无人机焦点上产生向下的附加力，形成抬头的稳定力矩 $M_{稳定力矩}$，最终形成新的平衡飞行，即

$$M_{操纵力矩} = M_{稳定力矩} \qquad (2.14)$$

2. 横向操纵性

横向操纵性是指在飞行过程中，飞手操纵副翼，无人机绕纵轴滚转或改变其滚转角速度和倾斜角等飞行状态。

飞手向左压副翼杆，则左副翼向上偏转、右副翼向下偏转。这时左机翼升力减小，右机翼升力增大，则产生左滚的滚动力矩，使无人机向左倾斜，如图 2.44 所示。同理，飞手向右压副翼杆，则右副翼向上偏转、左副翼向下偏转，产生右滚的滚动力矩，无人机便向右倾斜。

副翼杆压杆量越大，副翼偏角就越大，无人机的滚转角速度也越大，压杆杆力的大小及其随速度的变化规律是衡量和评定横向操纵性好坏的重要指标。

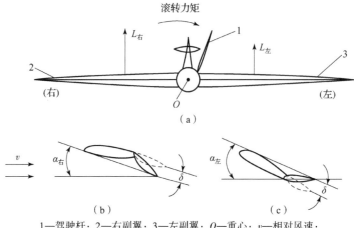

1—驾驶杆；2—右副翼；3—左副翼；O—重心；v—相对风速；
δ—副翼偏转角；$\alpha_右$—右侧滑角；$\alpha_左$—左侧滑角

图 2.44　横向操纵原理

（a）左滚转的滚动力矩示意图；（b）右滚转示意图；（c）左滚转示意图

3. 航向操纵性

航向操纵性是指当飞手操纵偏转方向舵后，无人机绕立轴转动而改变其侧滑角等飞行状态。

航向操纵主要通过方向舵实现，飞手操纵方向杆向右，则方向舵向右偏转，在垂直尾翼上产生向左的侧向力 Y。该力对重心形成使机头向右偏的航向操纵力矩，使无人机产生向右偏航及侧滑角，侧滑角在垂直尾翼、机翼、机身等部件上会引起侧向力，其合力对无人机重心形成使机头向左偏转的航向静稳定力矩，如图 2.45 所示。当其与航向操纵力矩相等时，机头就不再偏转，侧滑角也不再增大，无人机便在新的带一定侧滑角的航向平衡状态下继续飞行。

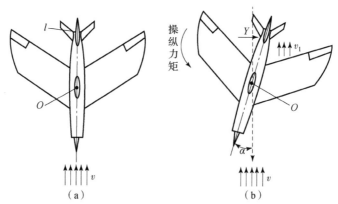

l—方向舵；O—重心；v—相对速度；v_1—相对风速；α—侧滑角

图 2.45　航向操纵性原理

第3章

电动滑翔机设计与制作

3.1　设计要求

由于滑翔机只需要加以很小的动力便能飞，早期的电动模型飞机都是沿着电动滑翔机这条路起步的。而且，电动滑翔机具有飞行速度慢、容易操纵等特性，至今在普及、启蒙等领域仍占有重要位置。本章基于中国国际飞行器设计挑战赛（CADC）的电动滑翔机项目要求，综合考虑国内外发展情况，以及自身制作能力与水平，设计了一款轻木电动滑翔机。本章主要围绕电动滑翔机设计的基础理论及结构设计过程进行展开。

1. 设计需求分析

目前本团队采用的是泡沫塑料结构的遥控电动滑翔机，这种滑翔机的缺点有：太重、机动性能差、滞空能力弱、容易损坏、结构复杂、组装时间长等。其他参赛高校的滑翔机大多数都是自主设计制作的，所使用的材料以轻木为主，有少数使用复合材料，这种类型的滑翔机质量轻、结构简单，在各方面的性能都优于本团队所使用的滑翔机。一般参加大型国际比赛的是使用玻璃钢或碳纤维复合材料制作的高级滑翔机。所以，我们需要设计制作一款在各方面性能优异的电动滑翔机。综合考虑各类模型制作对器材、制作工艺以及制作者的经验积累和经济能力等方面的要求，我们需要设计一款轻木蒙皮结构的遥控电动滑翔机，这款滑翔机在性能方面需要满足的要求如设计性能指标中所述。

2. 设计性能指标

这款电动滑翔机除了必备的优异的滞空能力和强劲的机动性之外，在飞机的尺寸、结构、强度方面还应满足以下要求：

①飞机机翼翼展 <2 m；

②保证飞机强度的条件，使翼载荷≤30 g/dm²；

③快速拆装设计，确保可以在 5 min 内完成飞机组装；

④将飞机拆解后，能收纳进一个长、宽、高之和不超过 1 300 mm 的盒子。

3. 机身分析与设计

机身是组成飞机的重要部件，可用于对机翼进行固定，并结合尾翼来构成一个整体；另外，它还能运载货物。在电动滑翔机中，机身被用于安装动力系统和固定电池。常见的机身可分为两种。一种是全机身采用轻木制作，这种机身制作复杂、易发生形变，且在着陆时易损坏，损坏后难以修复。显然，这种机身不适合本次要设计的电动滑翔机。另一种机身如图 3.1 所示，这种机身结构简单、制作方便，在减轻飞机质量的同时没有明显影响到机身整体的结构强度。而且，其在飞行时受到的空气阻力相对前一种机身更小，这也正是本次的设计制作采用这种机翼的原因。机身设计如图 3.2、图 3.3 所示。

图 3.1　机身样式参考

图 3.2　机身三维设计图

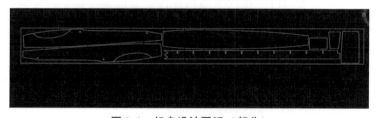

图 3.3　机身设计图纸（部分）

3.2　机翼设计

经过研究分析，本次设计的电动滑翔机，其机翼设计需要满足以下基本要求。

（1）在起飞、降落时，该滑翔机应具备尽可能大的升力系数来保证足够的升力，还需要满足高的升阻比。也就是说，滑翔机要尽可能地满足高升力低阻力的要求，以保证滑翔机在起飞时可以获得较大的爬升速度，在降落过程中具备优异的滞空能力和低速下良好的操作性。

（2）在无动力巡航运行模式下，该滑翔机要确保能产生足够低的气动阻力，以最大限度地减小滑翔机在此过程中的能量损失。

（3）低速运行下，其俯仰力矩属性要具有线性特征，以保证滑翔机在低速条件下操作的有效性，而且有较佳的横航向属性。

除了要满足上述基本要求外，本次设计的电动滑翔机还要符合气动性要求，并确保机翼具有良好的结构强度、较高的临界颤振速度，即在飞行过程中保持压力中心几乎不变。

在分析机翼时，可借助仿真软件 XFLR5 对机翼进行仿真建模，以分析机翼的气动特性。在仿真分析过程中，可以将机翼的弦线作为参考线。弦线是过翼型的前、后缘的连线。机翼的上、下表面至弦线的距离，就是这两个面的拱形程度。另一参考线就是由前缘至后缘机翼厚度中点的连线，即所谓的中弧线。

机翼外形的制作必须严格遵循空气相关的物理定律。通常机翼受两个作用力，分别是下端空气带来的上升力、上端空气带来的反向压力。电动滑翔机的机翼通常采用梯形翼。

当机翼与其前行方向存在较小的倾角时，机翼受到的上下作用力平衡被打破，这样就会生成上升力，机翼前缘上曲面受到的气流作用会使之产生斜上运动，同时机翼也会受到空气作用，使得气流朝下，同时还受到了空气与之具有反向的作用力，进而使得机翼朝上，若该机翼升力超过飞机所受的重力，那么飞机就能成功起飞。

如果飞机机翼下表面出现的空气偏流是飞机所需动力的唯一来源，那么对飞机来说，最重要的部分就是机翼。然而，依据目前流体力学的发展现状，准确地计算机翼上表面力和下表面产生的力尚不现实，因为其计算结果只能是一个估计值；而且，该结果不能用于飞机性能分析，因为通常上表面或下表面的力和它们对应比例值都不是固定的。飞行条件和机翼设计的差异是导致它们出现变化的两个主要因素。

机翼类型不同，其对应的飞行特性也不同。一种机翼无法全面符合各种标准和要求。飞机不同的质量、速度和应用领域在一定程度上对机翼外形起决定作用。因此，可通过仿真分析来选择最合适的机翼。

在设计方案的过程中，需要对机翼面积和机翼形状进行估算。如果在设计过程中需要更加细致的设计，就要认真参考机翼几何参数，通过仿真分析来确定规定任务的最佳机翼形状。需要注意的是，不能将机翼和飞机其他部件（如飞机的动力装置、尾部布局等）分开来独立设计。在设计初期，需要对主要的机翼参数进行优化改进上；在设计的后半段时期，需要在原本基础上综合考虑设计方案，如飞机机翼与飞机机身的连接方式、飞机气动性指标等方面。因此，需要基于飞机的性能标准、飞行品质、结构框架及内部容积这4方面，对飞机机翼参数进行全面设计。

1. 翼型的几何参数

翼型是指平行于机翼的对称面截得的机翼截面，又称翼剖面，如图3.4所示。

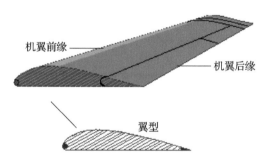

图3.4 机翼与翼型

根据图3.5可以获取翼型的几何参数信息。

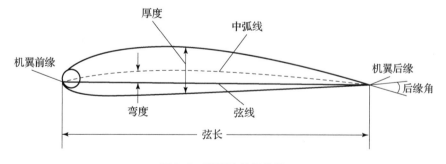

图3.5 翼型的几何参数

（1）弦线与弦长。翼型最前端的点为机翼前缘，最后端的点为机翼后缘，机翼前、后缘两点的连线称为弦线，连线的长度称为机翼的弦长。

（2）相对厚度。翼型的厚度是指通过机翼的弦线做垂线，垂线与机翼上、下表面之间的直线距离。翼型的相对厚度是指翼型最大厚度和弦长的比，通常借助弦长的百分数进行表示。

（3）最大厚度位置。翼型最大厚度对应弦线上的点与前缘之间的距离为最大厚度位置，通常借助弦长的百分数进行表示。

（4）中弧线。中弧线是指将翼型厚度的中点连接所形成的弧线。中弧线和翼弦之间的垂直距离为翼型的弯度。

（5）相对弯度。相对弯度是指最大弯度和弦长之间的比值，用百分数表示。相对弯度可以反映翼型上表面与下表面外凸程度的差距。相对弯度和翼型上下表面弯度程度之间存在正比关系；中弧线和弦线重合的翼型属于对称翼型。

2. 翼型的设计

飞机在飞行环境中，机翼的作用是承受飞机升力，立尾和平尾的主要作用是保持飞机安定性，降低其操纵难度。一般的飞机为对称型，如果将其横切，与对称面垂直，就会出现翼剖面或翼型。机翼和尾翼的重要构成部分是翼型，它主要影响飞机的气动性能和飞行品质。

复合材料制作的滑翔机在翼型方面大都采用适合高速飞行的层流翼型，如 MH 系列的 MH - 30、MH - 32，以及 RG 系列的 RG - 15、RG - 14；此外，在滑翔机上常用的翼型还有 AG 系列、EPPLER 系列及 HN 系列。同系列翼型的外形大致相同，其区别在于最大厚度、最大曲度及二者所在弦长的位置。虽然大曲度翼型有更大的升力系数，但会更快地失速，所以不能一味地追求大弯度翼型。

想要得到翼型的气动特性的仿真曲线，首先要确定雷诺数。根据飞行经验及实飞测量结果，取平均飞行高度为 50 m 并得到此高度上的空气密度和黏度，取滑翔速度为 10 m/s，弦长为 16 cm；由雷诺数计算公式可得，在此条件下雷诺数的取值为 109 105，由于软件原因，将雷诺数取 109 000。接下来，利用翼型仿真软件 Profili 2.21 将 AG 系列、AH 系列、EPPLER 系列、MH 系列、RG 系列及 HN 系列内的数种翼型每 5 个为一组，生成在此雷诺数下的极曲线、升力系数曲线、阻力系数曲线、升阻比曲线、俯仰力矩系数曲线，迎角变化范围为 −5°~13°，在每组曲线图中找到最优者。

第一组：AG24、AG25、AG26、AG27、AG12 New Super Gee DLR。第一组实验数据曲线如图 3.6 所示。

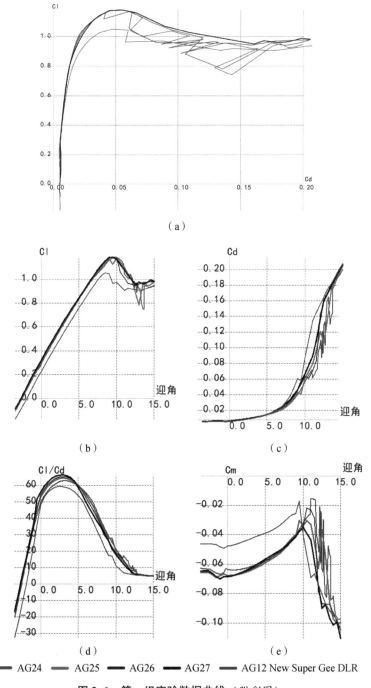

图 3.6　第一组实验数据曲线（附彩图）

（a）极曲线；（b）升力系数曲线；（c）阻力系数曲线；（d）升阻比曲线；（e）俯仰力矩系数曲线

　　第二组：AG46ct – 02f rot、AG47c – 03f、AG47ct – 03f rot、AH21、AH21 – 7。
第二组实验数据曲线如图3.7所示。

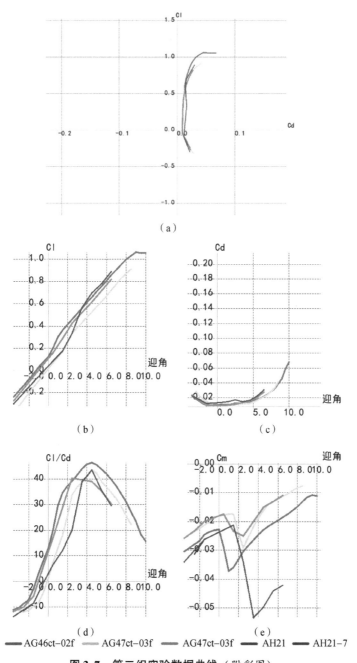

图 3.7　第二组实验数据曲线 （附彩图）

（a）极曲线；（b）升力系数曲线；（c）阻力系数曲线；（d）升阻比曲线；（e）俯仰力矩系数曲线

第三组：AH79 – 100A、AH79 – 100B、AH79 – 100C、AH – 6 – 40 – 7、AH – 7 – 47 – 6。第三组实验数据曲线如图3.8所示。

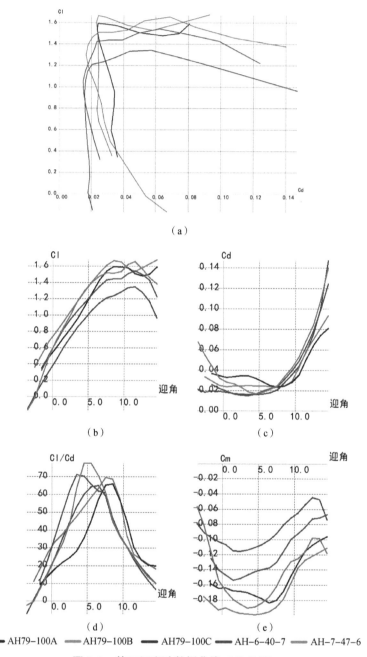

（a）

（b）

（c）

（d）

（e）

━━ AH79-100A　━━ AH79-100B　━━ AH79-100C　━━ AH-6-40-7　━━ AH-7-47-6

图3.8　第三组实验数据曲线（附彩图）

（a）极曲线；（b）升力系数曲线；（c）阻力系数曲线；（d）升阻比曲线；（e）俯仰力矩系数曲线

第四组：EPPLWER 748、EPPLER 793、EPPLER 855、EPPIER 862、EPPLER 874 HYDROFOIL。第四组实验数据曲线如图 3.9 所示。

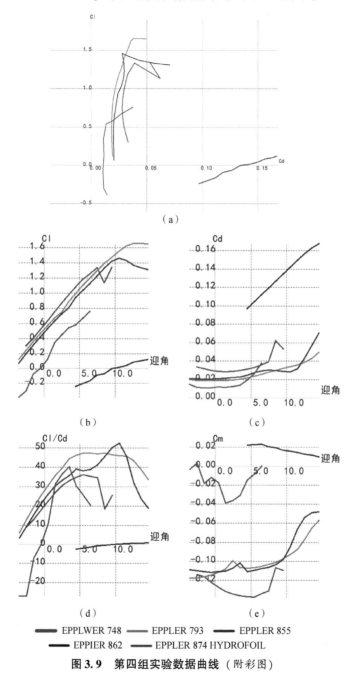

图 3.9　第四组实验数据曲线（附彩图）

（a）极曲线；（b）升力系数曲线；（c）阻力系数曲线；（d）升阻比曲线；（e）俯仰力矩系数曲线

第五组：EPPLER 904、EPPLER E851、EPPLER E854、EPPLER EA 8、EPPLER EA 6。第五组实验数据曲线如图3.10所示。

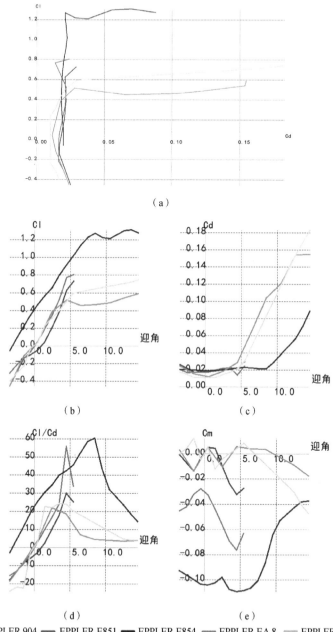

图3.10　第五组实验数曲线（附彩图）

（a）极曲线；（b）升力系数曲线；（c）阻力系数曲线；（d）升阻比曲线；（e）俯仰力矩系数曲线

　　第六组：MH 30、MH 31、MH 32、MH 33、MH 34。第六组实验数据曲线如图 3.11 所示。

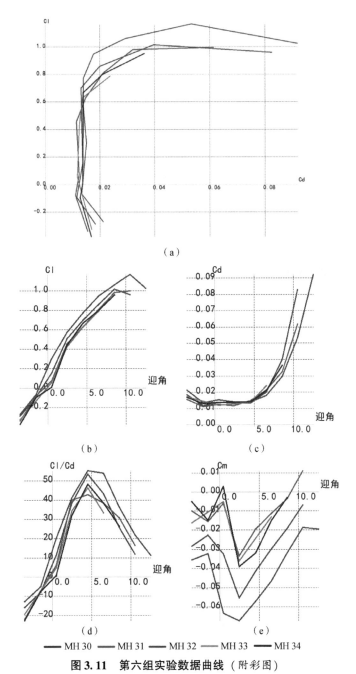

（a）

（b）　　　　　　　　　　　（c）

（d）　　　　　　　　　　　（e）

——— MH 30　——— MH 31　——— MH 32　——— MH 33　——— MH 34

图 3.11　第六组实验数据曲线（附彩图）

（a）极曲线；（b）升力系数曲线；（c）阻力系数曲线；（d）升阻比曲线；（e）俯仰力矩系数曲线

第七组：MH 42、MF 43、MH 45、MH 46、MH 49。第七组实验数据曲线如图 3.12 所示。

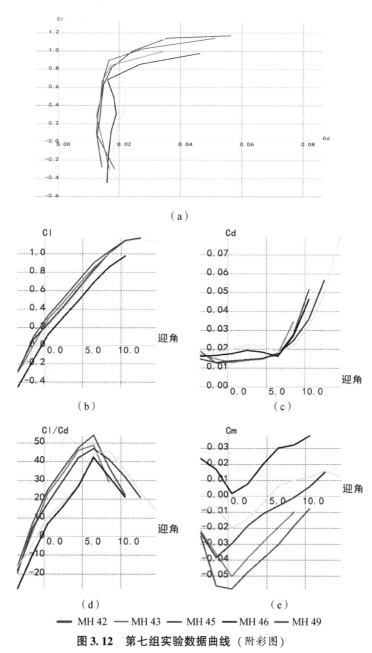

（a）

（b）　　　　　　（c）

（d）　　　　　　（e）

— MH 42　— MH 43　— MH 45　— MH 46　— MH 49

图 3.12　第七组实验数据曲线（附彩图）

（a）极曲线；（b）升力系数曲线；（c）阻力系数曲线；（d）升阻比曲线；（e）俯仰力矩系数曲线

第八组：RG 12A － 1. 8 － 9. 0、RG 14、RG 14 10% 、RH 14 9.5% 、RG 14A － 1.4 － 7.0。第八组实验数据曲线如图 3.13 所示。

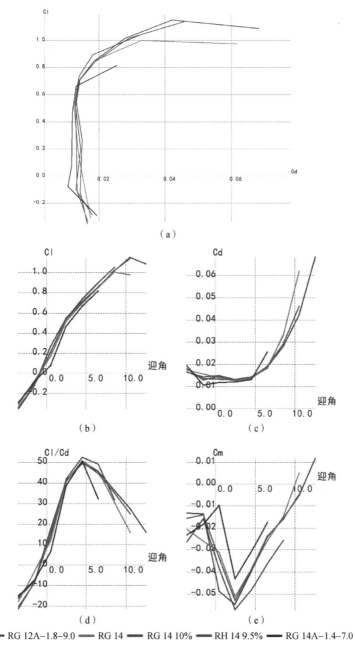

（a）

（b）　　　　　　　　　　（c）

（d）　　　　　　　　　　（e）

—— RG 12A–1.8–9.0　—— RG 14　—— RG 14 10%　—— RH 14 9.5%　—— RG 14A–1.4–7.0

图 3. 13　第八组实验数据曲线（附彩图）

（a）极曲线；（b）升力系数曲线；（c）阻力系数曲线；（d）升阻比曲线；（e）俯仰力矩系数曲线

第九组：HN‑409、HN‑419、HN 446、HN‑450S、HN 465。第九组实验数据曲线如图3.14所示。

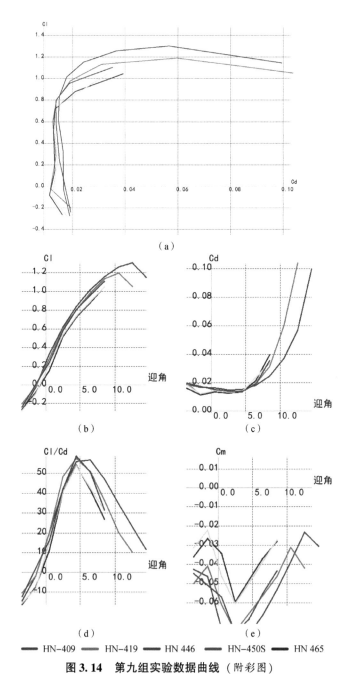

图3.14 第九组实验数据曲线 （附彩图）

（a）极曲线；（b）升力系数曲线；（c）阻力系数曲线；（d）升阻比曲线；（e）俯仰力矩系数曲线

第十组：HN-785、HN-801、HN-808、HN-832、HN-832TA。第十组实验数据曲线如图 3.15 所示。

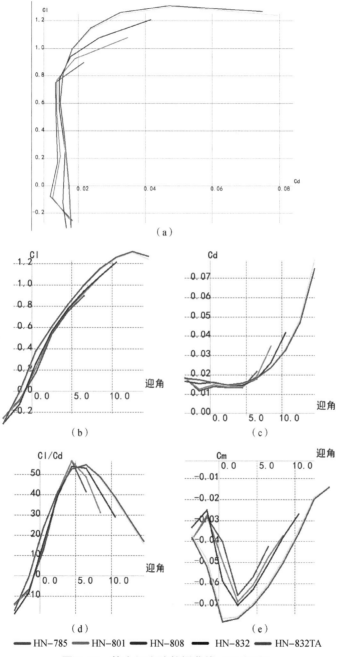

图 3.15　第十组实验数据曲线（附彩图）

（a）极曲线；（b）升力系数曲线；（c）阻力系数曲线；（d）升阻比曲线；（e）俯仰力矩系数曲线

为了更加清晰地观察仿真结果，将翼型在巡航角度时的 4 种参数进行统计，记录在仿真过程中 135 种翼型在这一条件下的气动性参数，如表 3.1 所示。

表 3.1　翼型数据统计

翼型	升力系数	阻力系数	升阻比	俯仰力矩系数	翼型	升力系数	阻力系数	升阻比	俯仰力矩系数
AG03	0.542 6	0.011 8	45.983 1	−0.035 8	EPPLER 1233	0.710 7	0.026 2	27.126 0	−0.060 7
AG04	0.526 3	0.011 7	44.982 9	−0.036 7	EPPLER 297	0.578 1	0.017 1	33.807 0	−0.047 3
AG08	0.531 0	0.011 4	46.578 9	−0.038 5	EPPLER 361	0.636 9	0.017 3	36.815 0	−0.043 3
AG09	0.514 9	0.011 3	45.566 4	−0.031 7	EPPLER 399	0.602 4	0.038 7	15.565 9	−0.110 8
AG10	0.493 2	0.011 9	41.445 4	−0.026 0	EPPLER 417	0.602 4	0.038 7	15.565 9	−0.110 8
AG11	0.559 4	0.012 0	46.616 7	−0.034 8	EPPLER 432	0.551 4	0.037 3	14.782 8	−0.066 1
AG16	0.569 0	0.012 0	47.416 7	−0.050 9	EPPIER 49	0.815 1	0.039 2	20.793 4	−0.139 9
AG17	0.580 3	0.011 7	49.598 3	−0.052 2	EPPLER 520	0.322 2	0.026 3	12.251 0	0.003 10
AG18	0.591 1	0.011 5	51.400 0	−0.053 3	EPPIER 58	0.879 0	0.030 8	28.545 5	−0.171 7
AG19	0.598 7	0.011 4	52.517 5	−0.053 9	EPPLER 59	0.780 6	0.024 8	31.475 8	−0.140 1
AG24	0.623 5	0.012 8	48.710 9	−0.064 9	EPPLER 598	0.669 9	0.024 5	27.342 9	−0.053 4
AG25	0.639 1	0.012 5	51.128 0	−0.067 2	EPPLWER 603	0.057 9	0.056 2	1.030 2	0.010 6
AG26	0.644 8	0.012 3	52.422 8	−0.067 0	EPPLER 639	0.773 4	0.022 7	34.070 5	−0.062 7
AG27	0.648 0	0.012 0	54.000 0	−0.066 1	EPPLER 655	0.306 5	0.049 0	6.255 1	−0.045 0
AG12 New	0.506 2	0.011 1	45.603 6	−0.048 1	EPPIER 66	0.699 0	0.021 4	32.663 6	−0.109 4
AG12 New	0.566 2	0.011 6	45.810 3	−0.047 4	EPPLER 694	0.231 7	0.045 5	5.092 3	−0.053 4
AG13 New	0.574 1	0.011 5	49.921 7	−0.047 9	EPPLWER 748	0.861 7	0.030 1	28.627 9	−0.125 6
AG14 New	0.517 9	0.012 5	41.432 0	−0.029 8	EPPLER 793	0.719 7	0.019 3	37.290 2	−0.096 1
AG45ct−02f	0.431 7	0.012 9	33.465 1	−0.031 7	EPPLER 855	0.702 9	0.023 4	30.038 5	−0.095 2
AG45c−03f	0.505 5	0.012 2	41.434 4	−0.028 1	EPPLER 874	0.471 8	0.012 8	36.859 4	−0.027 6
AG46ct−02f	0.333 4	0.010 0	33.340 0	−0.028 8	EPPLER 904	0.280 3	0.022 4	12.513 4	−0.015 1
AG47c−03f	0.468 0	0.011 3	41.415 9	−0.021 1	EPPLER E851	0.360 6	0.022 3	16.170 4	−0.049 2
AH21	0.400 2	0.017 1	23.403 5	−0.035 8	EPPLER E854	0.700 2	0.020 2	34.663 4	−0.098 1

续表

翼型	升力系数	阻力系数	升阻比	俯仰力矩系数	翼型	升力系数	阻力系数	升阻比	俯仰力矩系数
AH21-7	0.399 5	0.017 1	23.362 6	-0.035 7	EPPLER EA8	0.369 2	0.016 5	22.375 8	-0.004 2
AH79-100A	0.767 9	0.016 7	45.982 0	-0.111 8	EPPLER EA	0.328 2	0.014 9	22.026 8	-0.007 5
AH79-100B	1.029 9	0.026 7	38.573 0	-0.185 1	MH 102	0.700 6	0.021 3	32.892 0	-0.070 6
AH79-100C	0.719 6	0.035 5	20.270 4	-0.148 0	MH 106	0.505 3	0.018 3	27.612 0	-0.019 5
AH-6-40-7	1.004 4	0.022 8	44.052 6	-0.186 0	MH 110	0.408 7	0.016 5	24.769 7	0.008 5
AH-7-47-6	1.079 9	0.021 1	51.180 1	-0.187 5	MH 115	0.947 0	0.020 8	45.528 8	-0.148 6
RG-15 8.9%	0.588 2	0.013 0	45.246 2	-0.060 2	HN-973	0.643 9	0.013 6	47.345 6	-0.076 3
RG-8	0.636 6	0.014 3	44.517 5	-0.078 6	HN-974	0.655 3	0.016 2	40.450 6	-0.076 8
HN-380	0.636 6	0.014 3	44.517 5	-0.078 6	HN-9765	0.445 4	0.013 7	32.510 9	-0.018 4
HN-003	0.651 2	0.015 1	43.125 8	-0.077 9	HN-979	0.608 6	0.013 2	46.106 1	-0.069 3
EPPLER 1098	0.028 7	0.056 3	0.509 8	-0.026 5	MH 117	0.864 7	0.021 7	39.847 9	-0.145 3
EPPLER 1200	0.242 2	0.039 9	6.070 2	-0.017 8	MH 18	0.622 9	0.022 9	27.200 9	-0.062 9
EPPLER 1210	0.820 1	0.023 6	34.897 9	-0.082 6	MH 20	0.539 4	0.016 2	33.296 3	-0.037 3
EPPLER 1213	0.592 1	0.021 2	27.929 2	-0.034 7	MH 23	0.492 9	0.016 2	30.425 9	-0.040 1
MH 26	0.431 1	0.024 6	17.524 4	-0.036 1	HN163TA	0.572 8	0.012 8	44.750 0	-0.057 3
MH 27	0.422 9	0.014 1	29.992 9	-0.052 5	HN-184M	0.643 4	0.013 8	46.623 2	-0.076 7
MH 30	0.563 3	0.013 0	42.561 5	-0.051 8	HN-138	0.554 1	0.012 4	44.685 5	-0.052 7
MH 31	0.509 5	0.011 8	43.178 0	-0.031 1	HN-203	0.643 2	0.015 0	42.880 0	-0.072 6
MH 32	0.618 6	0.013 8	44.826 1	-0.064 2	HN-211	0.565 2	0.012 8	44.156 3	-0.057 5
MH 33	0.500 5	0.011 8	42.415 3	-0.037 5	HN-237	0.641 9	0.013 8	46.514 5	-0.075 4
MH 34	0.530 3	0.013 0	40.792 3	-0.043 7	HN-274S	0.401 0	0.012 3	32.601 6	-0.011 8
MH 42	0.562 7	0.014 5	38.806 9	-0.046 1	HN-276SA	0.443 8	0.011 8	37.610 2	-0.022 0
MF 43	0.518 3	0.014 3	36.244 8	-0.037 3	HN-304	0.647 5	0.014 7	44.047 6	-0.074 8
MH 45	0.478 3	0.014 4	33.215 3	-0.018 2	HN-316S	0.435 8	0.012 2	35.721 3	-0.017 9
MH 46	0.452 9	0.022 7	19.951 5	-0.014 2	HN-319	0.651 6	0.015 0	43.440 0	-0.074 8
MH 49	0.365 3	0.019 6	18.637 8	0.006 1	HN-352	0.553 5	0.012 6	43.928 6	-0.054 3
MH 60	0.492 9	0.014 6	33.760 3	-0.021 3	HN-360	0.616 7	0.013 5	45.681 5	-0.070 5

翼型	升力系数	阻力系数	升阻比	俯仰力矩系数	翼型	升力系数	阻力系数	升阻比	俯仰力矩系数
MH 62	0.483 8	0.013 9	34.805 8	− 0.022 5	HN − 409	0.665 5	0.014 7	46.272 1	− 0.079 5
MH 64	0.474 5	0.013 2	35.947 0	− 0.022 8	HN − 419	0.647 7	0.012 5	51.816 0	− 0.072 0
MH 91	0.607 5	0.019 7	30.837 6	− 0.017 0	HN 446	0.566 5	0.012 5	45.320 0	− 0.056 8
MH 32 8.71%	0.654 3	0.033 6	19.531 3	− 0.045 5	HN − 450S	0.581 0	0.013 1	44.351 1	− 0.057 5
RG 12A − 1.8 −9	0.595 7	0.012 9	46.178 3	− 0.056 5	HN − 465	0.627 2	0.013 6	46.117 6	− 0.073 1
RG 14	0.567 4	0.012 6	45.031 7	− 0.050 5	HN − 785	0.589 6	0.012 9	45.705 4	− 0.063 8
RG 14 10%	0.605 4	0.013 3	45.519 8	− 0.054 9	HN − 801	0.604 2	0.013 3	45.428 6	− 0.066 5
RH 14 9.5%	0.589 3	0.013 1	44.994 7	− 0.052 4	HN − 808	0.610 4	0.014 3	42.685 3	− 0.068 0
RG 14A − 1.4 −7	0.526 3	0.011 9	44.142 9	− 0.042 1	HN − 832	0.652 9	0.014 6	44.719 2	− 0.074 3
RG − 14	0.568 1	0.012 5	45.448 0	− 0.049 3	HN − 832TA	0.656 5	0.014 8	44.358 1	− 0.075 0
RG 14A147	0.525 3	0.011 9	44.142 9	− 0.042 1	HN − 951	0.604 3	0.014 3	42.258 7	− 0.062 6
RG − 15	0.558 2	0.013 0	45.246 2	− 0.060 1	HN − 9615A	0.470 7	0.012 6	37.357 1	− 0.025 8
HN038	0.595 6	0.013 0	45.046 2	− 0.062 8	HN − 980	0.600 9	0.015 1	39.794 7	− 0.063 1
HN − 1023	0.638 9	0.014 8	43.168 9	− 0.076 1	HN − 990	0.588 8	0.012 9	45.643 4	− 0.063 4
HN − 1038	0.554 1	0.012 4	44.685 5	− 0.052 7	HN − 997B	0.681 0	0.014 2	47.957 7	− 0.087 9
HN − 1051	0.592 4	0.013 4	44.209 0	− 0.064 6	HN − 999	0.699 0	0.015 0	46.600 0	− 0.096 4

　　对仿真得到的曲线进行分析可知，同类翼型具有相似的气动性能，类型不同、外形相似的翼型在气动性能上也有相似之处，在电动滑翔机巡航飞行（迎角为零）时，翼型 AG 27 的升阻比最大，且其阻力系数在巡航飞行时取到了相对最小值。为了更加清楚地比较这款翼型的气动特性与其他几类翼型的区别，接下来在其他 5 种翼型中各选择一款在巡航角度下升阻比最大的翼型（即 AH − 7 − 47 − 6、EPPLER 874、MH 32、RG 14 10%、HN − 419、AG27）进行比较。为了清晰地将比较结果呈现出来，将上述 6 种翼型分为两组做进一步比较。

　　第一组：AG27、AH − 7 − 47 − 6、EPPLER 874。第一组实验数据曲线如图 3.16 所示。

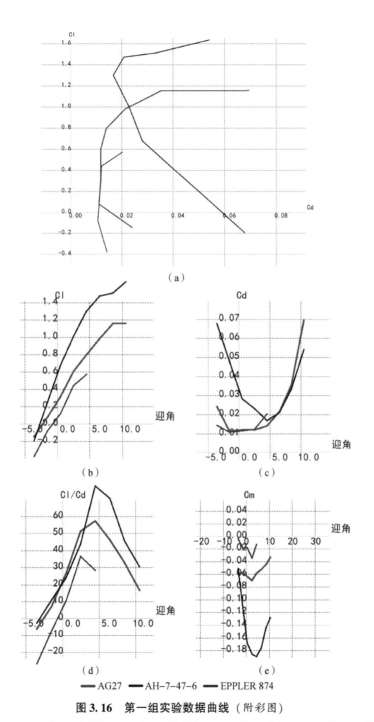

图 3.16　第一组实验数据曲线（附彩图）

（a）极曲线；（b）升力系数曲线；（c）阻力系数曲线；（d）升阻比曲线；（e）俯仰力矩系数曲线

从图 3.16 可以看出，翼型 AG27 在迎角为 3°时，升力系数达 0.648，而阻力系数仅为 0.012，升阻比约为 54，比其他两种翼型的气动性能更加优异。而且，AG 27 的翼型参数曲线相比其他两种翼型更加平滑，这样就可以制作出操控性更好的滑翔机，使飞行更加稳定。

第二组：MH 32、RG 14 10%、HN –419。第二组实验数据曲线如图 3.17 所示。

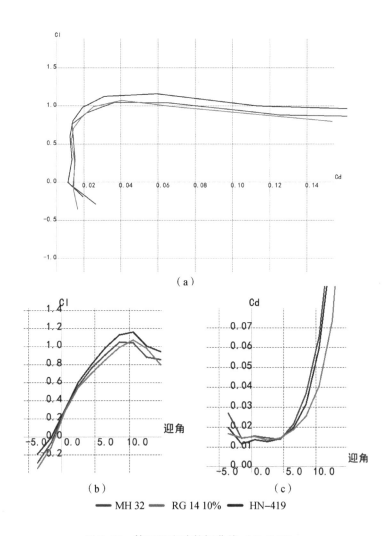

图 3.17　第二组实验数据曲线（附彩图）

（a）极曲线；（b）升力系数曲线；（c）阻力系数曲线

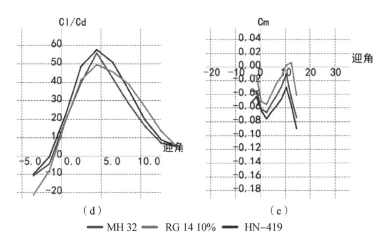

图 3.17 第二组实验数据曲线（续）（附彩图）

（d）升阻比曲线；（e）俯仰力矩系数曲线

从图 3.17 可以看出，翼型 MH 32、RG 14 10%、HN－419 的气动特性十分相似，在迎角为 3°时其升力系数为 0.6～0.8、阻力系数为 0.012～0.014。翼型 MH 32、RG 14 10%、HN－419 的升力系数与翼型 AG 27 的相差不大，但是其阻力系数远大于翼型 AG 27，导致其升阻比小于翼型 AG 27；从俯仰力矩系数曲线可以看出，翼型 AG 27 在迎角为 0°～10°范围内数值为负，且基本在一条水平线上，这样的曲线表明该翼型在低迎角的巡航飞行中俯仰操作性优良、阻力低。综合上述分析，虽然这 3 种翼型的极曲线也具有不错的线性特点，但其升阻比较小，所以最终选定的翼型为 AG 27。然后，对翼型 AG 27 继续进行仿真分析。根据飞机基本参数，需要仿真出翼型 AG 27 在各雷诺数（在90 000～120 000 区间、步长为 1 000）下升力系数、阻力系数、升阻比、横滚力矩系数、翼型上下表面压力的变化，其迎角由 －3°到 10°。

根据一系列仿真实验对各种翼型的比较可知，翼型 AG 27 更加符合设计要求。这款翼型可以保证电动滑翔机在起飞过程中获得足够大的升力系数，且在低迎角的滑翔飞行过程中该翼型的升阻比和阻力系数可以保持在其最低阻力系数附近，尽可能减少滑翔过程中的动能损失，最大限度提高滑翔机的滞空能力，在不同的飞行条件下该翼型都可以保证较好的气动特性。根据电动滑翔机比赛中对飞机尺寸的要求，比赛固定机翼的弦长应不超过200 cm。在弦长小于200 cm 条件下，对多种弦长下机翼的升阻比曲线进行分析，可以得出在弦长为 178 cm 时机翼可以保证优良的升阻特性曲线，具体参数设计如图 3.18 所示。

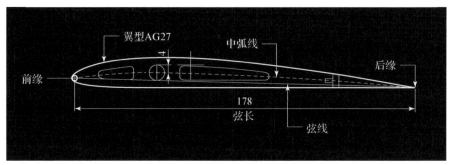

图 3.18　翼型图纸

3. 机翼形状设计

机翼结构有多种，目前使用较为普遍的有后掠翼、椭圆形机翼、矩形翼、梯形翼、变后掠翼、三角翼等。

1）后掠翼

后掠翼具有很好的延缓效果，所形成的斜激波的波阻特别小。在低速飞行过程中，后掠翼形成的空速比较小，更易产生失速的现象。因此，这种结构的机翼低速性能不好，起降的速度过大，容易导致失速，也使诱导阻力增大。

后掠翼适用于飞机高速的情况，且需要再次对翼型和变后掠翼技术的平衡状态进行分析和考虑。

2）椭圆形机翼

如果机翼没有出现扭转情况和后掠设计，那么椭圆形机翼的升力分布状态会表现为椭圆形。因此，椭圆形机翼具有最好的升力特性。虽然椭圆形机翼具有最小诱导阻力和良好的升力特性，但其加工难度大、成本高，所以在实际设计中基本不会采用椭圆形机翼。

3）矩形翼

连接机翼向内的水平延伸部分，会出现闭合的矩形翼，它用端板将最初的双翼在翼尖处进行连接。端板在一定程度上可以起到增大升力的作用，与单翼相比，双翼机翼相对来说有两倍大的面积，即升力会增大很多。不过其因结构特征（上机翼和下机翼的面与机身相连，以及上机翼和下机翼的两个机翼尖端所形成的 3 个位置），在受力方面具有较大优势，可有效降低结构质量，因此最终质量并没有成倍增加。除了受到摩擦阻力之外，还会受到气动面的交互阻力的影响，因此电动滑翔机一般不会使用矩形翼。

4）梯形翼

所谓梯形翼，就是梢根比（机翼翼根和翼梢弦长的比值）大于 1 而又不相差太多的机翼。若该值较大且前缘后掠角大，在后缘平直的情况下就属于三角翼。梯形翼除了在制造加工方面有优势外，其诱导阻力也相对较低，在低速状态下其升力性能优良。

经过比较，梯形翼更加符合本次设计的要求。为了方便制作和维修这款机翼，我们采用直径为 10 mm 的碳纤维管制作翼梁。这样做可以极大限度地提高该款机翼的抗扭能力，使机翼结构更加稳固，不易发生形变，具备更加优异的气动性；同时，可以在很大程度上降低这款电动滑翔机的制作难度。

4. 展弦比

这款电动滑翔机的主要制作目的是参加 CADC 比赛的电动滑翔机项目。根据这个项目的比赛规定，比赛所用的电动滑翔机应能收纳进一个长、宽、高之和不超过 1 300 cm 的盒子。因机身长度为 1 m，所以设计盒子的长、宽、高分别为 100 cm、20 cm、10 cm，即机翼的翼弦长度不能超过 200 cm。为了保证该滑翔机的气动性，确保其在巡航飞行时具有很大的升阻比，采用 XFLR5 软件进行仿真，得到比较合适的弦长为 178 cm，此时的展弦比为 12.52、升阻比为 36.108。

5. 上反角

上反角的设计目的主要是确保飞机在高空运行时的稳定性，其可以有效避免飞机出现侧滑翻滚。经过仿真分析（图 3.19），上反角处于 6°时，稳定性为最大值。为了可以保证飞机的稳定性和气动性，最大限度地满足飞行需要，最终将上反角确定为 6°。

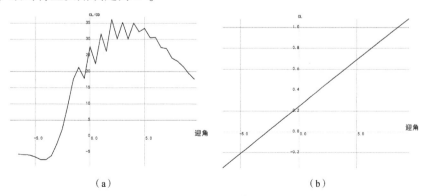

（a）　　　　　　　　　　　　　　　（b）

图 3.19　上反角仿真分析

（a）机翼升阻比曲线；（b）机翼升力系数曲线

经过一系列计算、仿真，将该电动滑翔机机翼的外形采用梯形翼、机翼翼型选择 AG 27、翼展为 2 m、弦长为 178 cm，最终的机翼设计如图 3.20 所示。

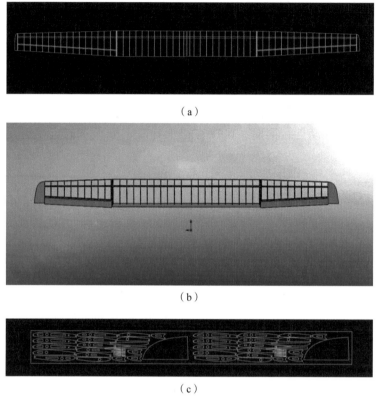

（a）

（b）

（c）

图 3.20　机翼图纸

（a）机翼的平面图纸；（b）机翼的三维设计图纸；（c）机翼制作的 CAD 图纸

6. 尾翼设计

滑翔机常用的尾翼类型有"V"形尾翼、倒"V"形尾翼、"T"形尾翼、倒"T"形尾翼和平尾中置的"＋"形尾翼。由本次设计目的可知，需要设计一款结构简单、容易制作、装卸方便、体积小巧、便于收纳的尾翼。相较而言，常见的垂直型尾翼和"V"形、倒"V"形尾翼都符合本次设计要求。垂直型尾翼和倒"V"形尾翼在降落时易受损，并且垂直型尾翼的体积比"V"形尾翼的大，结构更复杂、制作难度更高；"V"形尾翼结构简单制作、组装方便，体积小巧、便于收纳，并且气动性良好。因此，决定在这款电动滑翔机上使用"V"形尾翼，具体结构设计如图 3.21 所示。接下来，只需用轻木板雕出外形，然后将玻璃纤维刷在表面就制作完成。所以，其制作过程简单、便于操作，而且其强度可靠。

图 3.21　尾翼设计图

3.3　制作流程

本节介绍这款电动滑翔机的制作流程。

1. 机翼黏结

机翼黏结是指对雕刻得到的轻木板按照机翼的结构布局图进行拼接、黏结。这款电动滑翔机的机翼为三段式设计，应先制作机翼外段，如图 3.22 所示。在拼接过程中，一定要注意翼肋的方向和位置，确保翼肋在黏结过程中严格垂直翼梁。

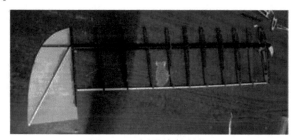

图 3.22　机翼外段制作

接下来，对机翼中段进行拼接，如图 3.23 所示。

图 3.23　机翼中段制作

2. 机身黏结

机身的结构简单，所以不再具体叙述制作过程，如图 3.24 所示。尾翼仅由 4 片轻木板构成，所以无须进行黏结。

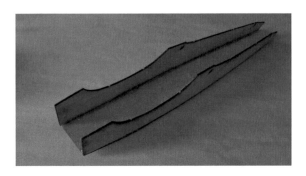

图 3.24　机身制作图

3. 机翼蒙皮

经过前面的工作，该电动滑翔机的所有部件都已经黏结完毕。接下来，需要对机翼进行蒙皮。在蒙皮时，一定要注意对蒙皮的选择，一款好的蒙皮可以让制作出的飞机机翼表面更加光滑，飞行过程中的阻力更小。此外，在对机翼进行蒙皮时，一定要选择合适的电熨斗温度，本次制作过程中选择的温度为 135 ℃。

蒙皮时，需要注意以下几点：

（1）清除周围杂物（尤其是易燃物），防止熨斗将其引燃。

（2）注意自身安全，防止烫伤。

（3）在机翼蒙皮时，要先将蒙皮平铺，再将熨斗由中间向外围逐渐扩展。

本次蒙皮制作完成的机翼外段成品如图 3.25 所示。副翼、尾翼的结构简单、表面平整，其蒙皮过程在此省略。

图 3.25　机翼外段蒙皮成品

4. 滑翔机组装

蒙皮完成后，就可以对该电动滑翔机的所有部件进行组装。两人同时进行组装所需的时间约为 166 s，组装成品如图 3.26 所示。

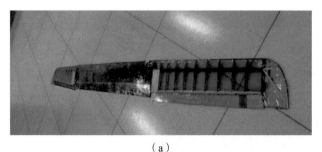

（a）

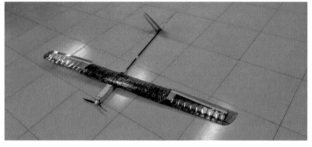

（b）

图 3.26　滑翔机组装

（a）机翼成品；（b）滑翔机成品

　　组装完成后，对制作的电动滑翔机进行称重，如图 3.27 所示，可知该电动滑翔机的起飞质量（包括电池）为 560.7 g。仿真计算中的预估质量为 530 g，与实际质量接近。

图 3.27　称重

3.4　飞行训练及常见故障排除

1. 飞行训练与技巧

（1）飞行训练要选择在空旷的场所，避免周围有高大的建筑物、树木等。

（2）模拟训练应保证各通道与真机一致。在模拟训练时，主要进行航线训练，增强对飞机空间位置的判断能力。

（3）真机训练时，主要进行起降训练和航线训练。起降训练时，要保证飞机在规定滑跑距离内起飞，降落在规定的降落区内。

（4）真机训练时，各通道应按照个人习惯设置，尤其是应将空投开关放在最为顺手的位置。

（5）开始训练时，不必追求投放精确度，而应注意飞机航线与对空间距离的判断。

（6）起飞时，不能在速度不够时提早起飞，也不能猛烈拉杆。

（7）巡航时，注意飞机姿态，不得有较大过载的动作。有风时，要考虑风向及风速，及时调整飞机姿态。

2. 飞行注意事项

一定要充分做好地面准备工作，主要包含以下几部分。

1）训练前

（1）对操作系统进行检查，其运转必须可靠。

（2）对于全新的遥控设备，最好在空旷场地进行实测，保证训练场地的安全性。此外，不能在强风、雨天、夜晚飞行，也不能在有航模无线电波频率干扰的区域飞行。

（3）飞机的机翼、可倾转飞翼不能有明显的扭曲变形，其安装应足够可靠。此外，还要检查桨叶有无损坏或磨损。

（4）检查飞行器、遥控器的电量是否充足；检查遥控器数据是否变化（通道是否正确等）。

2）训练中

（1）在飞行器起飞时，注意飞行器姿态和灵敏度是否出现较大偏差（此种状态将会提高事故发生率）。

（2）助手要做好计时工作，防止出现不必要的飞行事故。

（3）相互配合，保证用于训练的飞行器充足，助手要利用尽可能多的时间完成飞行器的制作。

3）训练后

（1）在结束飞行训练后，首先对飞行器进行检查。

（2）对使用过的电池应该先冷却再充电，保证电池电量时刻足够，防止出现因充电不及时而造成飞行事故。

（3）及时进行总结，对出现的飞行事故进行反思，防止相同飞行事故再次发生；加深飞行记忆、深刻飞行感悟。

4）新手建议

（1）遥控时，将手指轻压遥控器遥控杆，随时贴于遥控杆上，切勿移开。

（2）初期练习时（实机或仿真器），遥控动作尽量柔和与缓慢，打错动作勿慌乱，随即往反方向修正即可，切勿慌张将动作太大，反而造成需要一直修正的恶性循环。

（3）油门的控制会影响飞机动作大小。飞得越慢，操控动作的反应就越慢；飞得越快，操控相同动作的反应就会变得越快。所以当动作无法控制时，应确认油门位置是否由飞机速度过快造成，以适时降低油门大小。

（4）在操控任何遥控模型之前，都必须先确认所遥控的模型各动作正反向与动作量是否正确，再进行操控，以确保人员安全与机体安全。

（5）注意频道问题。

3. 常见故障与排除

1）机身开胶

胶水凝固后，时间久了会开胶，使飞机各部件出现可以扭曲的情况。对此，应首先稍用力使机身扭转，观察各处形变，寻找开胶的部位，然后在相应的位置重新滴胶。为确保连接处强度，可以贴上碳纤维片进行加固。

2）机头损坏

飞机头部易受损的部件有螺旋桨、减速齿、螺旋桨轴。当飞机以头部在下的姿态触地后，这几处往往会出现不同程度的磨损。对此，应该仔细观察磨损情况：轻微磨损的，可以继续使用；磨损较严重的，应立即更换；重点观察螺旋桨轴，稍有弯曲就应更换。若仍感觉动力不足，则可能是电动机出现问题，应该更换电动机。

3）控制失灵

在每次起飞前都应检查飞机舵面，当遇控制失灵的情况就及时处理。首先，检查是否所有舵面都出现问题，若其他舵面正常则可以确定是单个通道出现问题；然后，考虑线路连接问题（在安装时往往会出现因紧张而将接口插反的情况）。对于副翼应特殊考虑，副翼的两个舵机中只要有一个插反，则两个舵机都无法正常使用。

第4章
垂直起降双轴飞行器设计与制作

4.1　概　　述

1. 任务描述

该飞行器是根据 CADC 比赛垂直起降载运项目的要求制作，适应于竞赛要求。参赛场地设置如图 4.1 所示，在只允许使用单块电池的条件下（电池质量不大于（80±1）g），飞行器从起降区载球起飞，绕相距 20 m 的双杆飞行两圈，悬停于投放区进行投放，投球结束后返回起降区，进行下一轮装载飞行，总时间为 3 min，最终以投放区投球总质量评判成绩。过程考察飞行器的载重能力、飞行器飞行自身稳定性和可操控性、电池消耗效率等性能指标，以及飞手的操作水平。

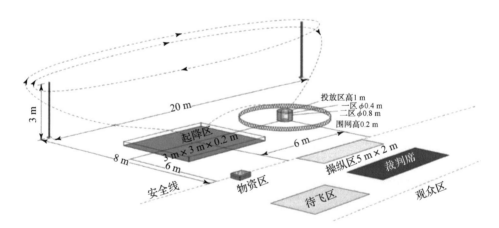

图 4.1　垂直起降载运航线图

2. 技术特点

（1）该飞行器采用双轴加飞翼布局，具有较高的速度和灵活性。

（2）该飞行器起飞不借助外力或其他装置，而使用电动装置；可带动力着陆。

（3）载重物为直径为 150 mm 的泡沫球，经测试，单次最大载重为 1 200 g。制作时，可调整载球框，扩大载物直径。

（4）经测试，采用单块 4S 电池（14.8 V，800 mAh）条件下，载球 1 000 g 可飞行 1 min 左右，空载可飞行 5 min 左右。

（5）该飞行器在垂飞时耗电量较大，在平飞时耗电量较小；将平飞作为主要飞行方式使该飞行器耗电量减小，飞行距离增加。

（6）该飞行器使用 MWC 飞控板，飞手操作相对简单，模型稳定性大大提升。

3. 用途

根据该飞行器的优势和特点（即固定翼无人机的航速快和旋翼飞行器可在空中悬停、灵活性强），可满足物流业及农业灌溉的性能需求。然而，由于飞行器采用的是电力供电，续航能力低，因此需要采用油机供电才能满足续航时间的需求。由此，飞行器性能也能不同程度地增加，从而能胜任更多场合。

4. 场地设置

竞赛场地设置如图 4.1 所示。

（1）任务区设操纵区（5 m×2 m）、起降区（3 m×3 m×0.2 m 天井）、物资区、投放区、标杆（高 3 m，相距 20 m）。

（2）投放区为口部有篮筐支撑的网兜，两个不同半径的篮筐同心套在一起，将投放区分为一区和二区。一区直径为 0.4 m，二区直径为 0.8 m，篮筐高 1 m。投放区围网高度 ≤0.2 m。

（3）载重物存放在物资区。

（4）标杆距离操纵区安全线的垂直距离为 8 m。起降区中心与投放区中心的间距为 6 m；起降区中心与投放区中心距离操纵区前边缘的间距各为 6 m。

5. 竞赛得分评定

（1）单轮得分 grade 为竞赛时间内的起飞分 fly 与每次飞行的空投分之和 pitch 再减去扣分 down，即

$$grade = fly + pitch（每次之和）- down$$

（2）起飞分：首次起飞成功得 100 分，失败得 0 分。

（3）单次飞行的空投得分标准如表4.1所示。

表 4.1　垂直起降载运得分标准

投放区	单次载重物	
	100 g	200 g
一区	10 分	20 分
二区	1 分	2 分

按照比赛要求，飞手在操纵区进行飞行器操控，助手在待飞区进行装球准备；比赛开始后，飞机从起降区起飞（正方体区域），绕距离20 m、高3 m的两根长杆两圈，把球投放到投放区（圆形区域中心位置），再次把飞机停放到起降区，助手进行装球，此为一个循环。

4.2　系统结构设计与工作原理

4.2.1　系统设计

垂直起降双轴飞行器由机体结构、动力系统、转向系统、控制系统组成。其中，机体所包含的机翼与常规固定翼无人机类似，在机身和电动机安装布局上取消了常规固定翼布局（升降舵和方向舵），由双轴形成的差速代替了方向舵，并且在机身上改变布局，变成可装载物体的结构，这是该飞行器相对传统固定翼飞行器最大特点。

该机型的全系统结构、各子系统及部件划分如图4.2所示。

1. 结构特点

1）先进气动布局设计技术

本章设计的飞行器可以类比直升机和固定翼飞机的结合体。在气动布局方面，可以从直升机和固定翼突出特性方面进行分析。此外，全面分析并权衡该飞行器在气动方面的相关参数，最终形成良好配合，使该飞行器飞行能力阶段性更强。

文献［1］针对倾转旋翼部位进行气动技术相关研究和分析，其中不仅包括过渡状态旋翼动态尾迹，还包括非定常气动数据的研究、过渡阶段旋翼研究、机翼气动干扰数据研究，以及倾转旋翼飞行器的模型测试，建立了过渡阶段旋翼动态尾迹、非定常气动数据及旋翼、机翼气动干扰数据的理论分析

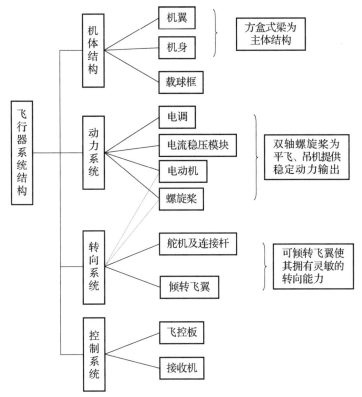

图 4.2　垂直起降飞行器系统结构

方法，这种尝试得到了较为广泛的使用。文献［2］讨论了传统布局的优化设计方法和反向设计优化方法在机翼翼型设计中的尝试，主要存在精度低的问题。文献［3］分析了低雷诺数的空气动力系统特性，不仅包括分离气泡，还有展弦比的影响。这两种方法对垂直起降飞行器的气动布局设计具有较大的参考价值。

2）双轴螺旋桨设计

本章所设计的飞行器采用双轴螺旋桨动力布局。这种动力布局是指在飞行器的机身上方设计一对螺旋桨，使用的桨叶分别为正桨和反桨，通过一对电调来实现对电动机的控制，最终达到正反桨叶同时转动、差速转动的效果。这种布局方法的优点是动力强劲，理论上是一般固定翼飞行器布局动力的两倍，且在姿态偏转、航迹偏转上有独特的方式。这种双轴差速偏转的稳定性、灵活性都比较高，能在狭小的环境灵活飞行，这也是固定翼飞行器所不能达到的。

3）双舱结构的设计

使用单舱结构装球时，很难掌握重心位置，而整个机型的尺寸决定了舱高，因此每次只能装三四个球。如果采用双舱结构，则使两个机舱关于横梁前后对称放置，不但没有改变重心位置，而且使载球量提高了一倍，从而大大提高了运球效率。

4）操控舵面设计——可倾转飞翼

相比于结构比较传统的固定翼飞行器，本章设计的飞行器摒弃了传统布局飞行器所使用的升降舵、方向舵布局结构，而将升降舵和方向舵的功能通过双轴螺旋桨和可倾转飞翼共同作用来实现。当飞行器进行小幅度倾转和俯冲爬升时，通过飞翼即可实现，结构相对简单；当飞行器进行大幅度偏转时，可通过双轴之间的差速（即一个桨叶转速比另一个桨叶转速快），使飞行器惯性偏转，从而使飞行器更具有灵活性。

5）飞控技术算法

本章设计的垂直起降飞行器有两种飞行控制模式和一种过渡飞行模式，即垂直飞行模式、水平升空飞行模式和两种状态切换过渡飞行模式。在水平升空飞行模式下，垂直起降飞行器的控制模式与固定翼控制模式类似，所使用的控制算法相对其他飞行器来说已经比较成熟。对于垂直起降飞行器，垂直飞行模式是最不容易控制的飞行状态。这两种状态切换过渡模式是所有飞行模式中最复杂的飞行状态。文献［4］在纵向模型的设计基础上，采用PID控制技术对两种状态切换过渡模式飞行控制系统进行了优化设计，保证了飞行高度稳定。文献［5］针对建模参数的不精确性，采用滑模控制的方法，对垂直起降飞行器的垂直飞状态设计了增强控制器，保证了飞行控制系统的稳定性。文献［6］针对垂直起降飞行器，采用增益调度线性二次型调节器作为俯仰角控制器，在两种状态切换过渡模式控制中采用遗传算法和离线训练神经网络，增强了飞行控制系统的稳定性。PID控制器虽然容易实现，但总体的抗干扰能力大大降低。滑模控制和神经网络控制虽然具有较好的稳定性和动态特性，但在小型飞控设备上的实现比较复杂。综合经典与现代控制设计理论，本章采用一种操控相对精确且能在工程方面实现的飞行控制。

2. 翼梁结构的设计与改进

翼梁作为飞行器结构的重要组成部分，是飞行器的中间支柱，它最重要的功能在于支持飞行器在飞行过程中机翼产生的弯矩和剪力，常见的翼梁结构有单梁式、多梁式、多腹板式。考虑到机翼在飞行器飞行过程中受到的力会集中作用（即在载球飞行过程中，球的重力会直接通过接触作用于翼梁上），翼梁作为主要承力结构需要得到保证，因此对本章设计的飞行器采用方盒式梁结构、双层辅助梁结构。

1）方盒式梁结构

主梁结构形式一般设计为"工"字梁，另外还有 C 形梁和方盒式梁。相比其他结构方式，方盒式梁形成的闭室结构抗扭转性能更好，缘条抗失稳能力强，固化成型后变形较小，因此飞机在垂直方向和水平方向均有较强的承压的能力。本设计采用方盒式梁。

2）双层辅助梁结构

方盒式梁结构能在一定程度上增强机翼和梁的抗力性，但它作为单层梁结构不够稳定，因此本设计采用双层辅梁来承担主梁部分作用力，使飞行器梁更加坚固可靠。

飞行器载球飞行过程中存在结构不稳、翼展抖动的情况，产生这种情况的原因在于飞行器梁结构承受较大的压力，在载球飞行过程中，载球及飞行器所受的重力由机翼产生的升力平衡。与此同时，在机翼上也会相应地产生压力，类比在机翼两端吊挂重物时会在梁中间一段距离产生很大的压力。

解决方法如图 4.3 所示，即加固梁的中间段，使这段梁的坚韧性及可塑性提高。在梁前后方向（即受力面）贴碳片，碳片在梁中间段受到拉力时将发挥作用，以加强机身的强度。

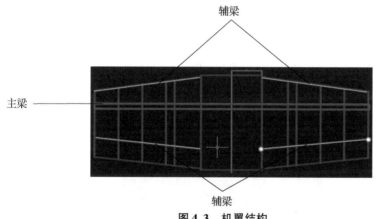

图 4.3　机翼结构

3. 前墙结构的设计与改进

缘条承受梁的绝大部分力，若仅采取方盒式梁结构，抗扭矩力是不够的，因此还需要一个前缘 D 形盒，通常将前墙蒙板直接蒙到翼梁上形成 D 形盒。然而，飞行器为了减重，都在这方面掏过孔（图 4.4），如在主翼前缘掏减重孔，导致前墙的抗力性不够。

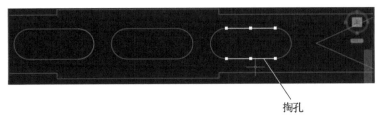

掘孔

图 4. 4　前墙结构

在此之前，飞行器设计的蒙板形状是 D 形，类比图形如图 4.5 所示。由于前缘掘孔，因此蒙板实际形状是不封闭的，如图 4.6 所示。由材料力学知识可知，飞行器梁结构的不封闭对抗力是没有抵抗性的，封闭式的面积从被结构包围的面积直接变为结构截面的面积，且形状和标准的圆相差甚远。

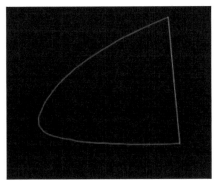

图 4. 5　设计蒙板

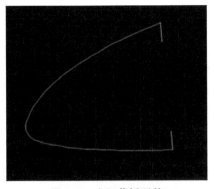

图 4. 6　实际蒙板形状

同时，梁结构的强度并不由最高强度决定，也不由平均强度决定，而是取决于最低强度；假使部分位置（如肋位置）可以封闭，由于抗扭转角是抗扭转刚度倒数对梁长的积分，这意味着越靠近根部，前缘受力就越大。

为了解决 D 形盒极限载荷情况下承力不够强的问题，同时达到减重的目的，在此采取的解决办法是用超小质量的材料进行加固，即使用碳纤维片对前墙上、下两层进行加固（图 4.7），以达到飞行器前墙有较强的承受力。

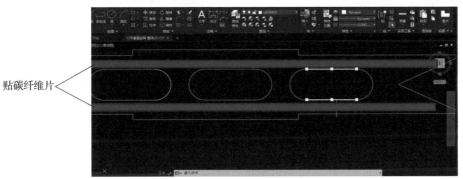

贴碳纤维片

图 4.7　前墙结构

4. 翼肋结构的设计与改进

对于梁，缘条承受梁的绝大部分压力；对于肋，缘条就是上、下边线，其中更重要的是边线的上、下缘。图 4.8 所示为本设计在比赛中笔者使用的肋结构，所指位置是开半槽，它对肋的影响很大。根据短板效应（即肋的强度不是由最强或平均强度决定，而是由它的最弱强度决定），肋在开槽后，整体强度会大大减弱，尤其是下部受到拉力会容易变形或脱落。

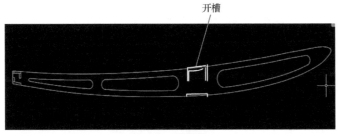

开槽

图 4.8　肋结构

为解决这个问题，本设计使用一种新的肋结构（图 4.9），在上、下肋的缘条内部开槽，梁和辅梁都从内部穿过，这样可以尽可能减少应力的作用，从而增强肋的整体强度。

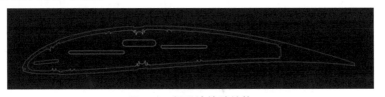

图 4.9　新设计的肋结构

5. 动力装置参数计算与确定

根据 CADC 比赛规则，在任务过程中只允许使用一块电池。在使用一块电池的条件下，如何保持高效率的工作是重中之重，因此电池容量转换成电动机的效率就成了关键。飞行器机体质量为 800 g，设定单次飞行载球数为 6个，合计质量为 1 200 g，总计飞行器质量为 2 000 g。理论表明，当飞行器电动机产生的拉力达自身重力的 1.2 倍（即拉力在 2 400 g 左右）时可以完成悬垂动作，此时单轴电动机拉力需要达到 1 200 g，飞行器在这个动力下吊机十分稳定。

在考虑飞行器参数的前提下，将电动机选择标准限制为：单个电动机拉力达标 1 200 g；在拉力为 1 200 g 条件下的力效更高；能支持多款尺寸的螺旋桨。通过大量筛选，最终确定选用朗宇 4006 - 380 KV 型号电动机。

力效表是针对螺旋桨和电压、电流进行分组的。控制螺旋桨固定，所述的电流越小，力效就越大，但是拉力越小。拉力与力效之比呈一条下降的曲线，即曲线效应降低。小电流时虽然力效大，但拉力小，浪费了一个电动机的运转功率；大电流虽然拉力大，但力效小，无法满足长时间续航。最好的方法是选择利用好中间段的力效。不建议功率效率小于 7 g/W。考虑到飞行器实际飞行所需的拉力，总质量是载运物的质量（1 200 g）+ 飞机质量（800 g左右），理论上，每轴拉力为 1 000 g 就可以起飞，但飞行器要实现前进后退转弯翻滚等动作、在定点投球状态需要不断调整各轴电动机拉力、在大风的情况下要提高拉力来对抗风，所以 1 000 g 起飞拉力（静拉力）肯定是不够的，至少要留 20% 的余量为拉力冗余，即需要有 1 200 g 的拉力。查力效表（表 4.2）得知，朗宇 4006 - 380 KV 型号电动机在 15 寸①桨叶、22.2 V 电压条件下，拉力达 1 200 g 时的力效是 8.07 g/W。

表 4.2　朗宇 4006 - 380 KV 力效表

螺旋桨	电压/V	转速 /(r·min⁻¹)	电流/A	拉力/g	功率/W	力效 /(g·W⁻¹)	温度/℃
15 × 5.5	14.8	3 219	28.0	500	41	12.07	36
		3 551	3.6	600	53	11.26	
		3 828	4.5	700	67	10.51	
		4 071	5.3	800	78	10.20	
		4 350	7.0	967	104	9.33	

①　1 寸 ≈ 3.333 cm。

螺旋桨	电压/V	转速/(r·min^{-1})	电流/A	拉力/g	功率/W	力效/(g·W^{-1})	温度/℃
15×5.5	16.0	1 471	0.3	100	5	20.83	38
		2 049	0.8	200	13	15.63	
		2 511	1.3	300	21	14.42	
		2 885	1.9	400	30	13.16	
		3 221	2.6	500	42	12.02	
		3 549	3.3	600	53	11.36	
		3 832	4.1	700	66	10.67	
		4 068	5.0	800	80	10.00	
		4 271	6.0	900	96	9.38	
		4 530	7.0	1 000	112	8.93	
		4 780	8.0	1 100	128	8.59	
	22.2	1 470	0.2	100	4	22.52	42
		2 050	0.5	200	11	18.02	
		2 510	1.0	300	22	13.51	
		2 883	1.4	400	31	12.87	
		3 200	1.9	600	42	11.85	
		3 550	2.5	600	56	10.81	
		3 830	3.0	700	67	10.51	
		4 070	3.7	800	82	9.74	
		4 270	4.3	900	95	9.43	
		4 530	5.0	1 000	111	9.01	
		4 930	6.7	1 200	149	8.07	
		5 320	8.2	1 400	182	7.69	
		5 030	10.1	1 600	224	7.14	
		6 060	12.6	1 865	280	6.67	

单个朗宇 4006 - 380 KV 型号电动机的相对拉力有 1 865 g，全电流输出，其拉力可以平衡飞行器起飞所要克服的阻力，能充分保持飞行器载球快速飞行，将飞行器载球飞行续航能力大大提升。

4.2.2　飞行工作原理

1. 固定翼飞行器的起飞原理

固定翼飞行器飞行需要克服重力和阻力。重力由飞机的气动面（即机翼和尾翼产生的升力）平衡，阻力则由螺旋桨提供的推力克服。正常飞行器的起飞过程就是飞机在螺旋桨的推动下，克服阻力向前滑跑，当滑跑速度大到使机翼产生的升力大于飞机所受的重力时，飞机就可以离开地面升空飞行了。

2. 垂直起降飞行器的起飞原理

垂直起降飞行器不能由机翼产生平衡重力的升力，要实现垂直起降，就只能依靠飞机的动力设备。垂直起降飞行器就是由双轴螺旋桨提供向上的推力来克服重力，从而实现垂直起降。

垂直起降飞行器实现起飞后，需要转平飞。继承固定翼飞行器飞行的优点，在这个过程中参与工作的就是可倾转飞翼和双轴螺旋桨。通过可倾转飞翼实现气动改变，从而达到飞行器吊机转平飞，双轴螺旋桨带来的惯性力可实现灵活转向。

4.3 制作器材

1. 材料清单

制作一架飞行器所需的材料分为三类，即航电设备、信号设备、消耗材料，表4.3所示为所需的材料明细。

表4.3 所需的材料明细

材料分类	材料名称	型号	数量	用途
航电设备	郎宇盘式电动机	Sunnysky V4006 380 KV	1 对	动力输出
	碳纤维螺旋桨	1555 蜻蜓款	1 对	动力输出
	电调	好盈40 A（4S），T插	2 个	保护电动机、安全上电
	UBEC 模块	好盈 5 V 3 A	1 个	接收机供电模块
信号设备	接收机	天地飞 WFT07 日本手	1 个	信号接收
	遥控器	天地飞 7	1 个	遥控信号终端
	飞控板	MWC	1 块	使飞行器操纵稳定
消耗材料	轻木	1 000 mm × 100 mm × 2 mm	20 块	制作飞行器所需的消耗品
		1 000 mm × 100 mm × 3 mm	3 块	
	桐木	1 000 mm × 100 mm × 2 mm	15 块	
	三层板	915 mm × 915 mm × 3 mm	1 块	
	硅胶线	16AWG（1.27 mm²）	2 m	

续表

材料分类	材料名称	型号	数量	用途
消耗材料	舵机	银燕 ES08A（8 g）	2 个	制作飞行器所需的消耗品
	碳纤维管	3 mm×2 mm×1 m	21 根	
	蒙皮	超轻（颜色自选）	20 m	
	T 形插头	根据电池选择	1 个	

2. 板材加工图纸

（1）副翼图纸，如图 4.10 所示。

使用材料：厚 2 mm 的轻木。

加工纹路：横纹。

图 4.10　副翼图纸

（2）主梁图纸（方盒式的前、后面），如图 4.11 所示。

使用材料：厚 2 mm 的轻木。

加工纹路：竖纹（需要 10 块，宽 10 cm 的轻木拼接成竖纹）。

材料长度：140 cm（材料长 100 cm，部分需要拼接）。

图 4.11　主梁图纸一

（3）主梁图纸（方盒式的上、下面），如图 4.12 所示。

使用材料：厚 2 mm 的轻木。

加工纹路：横纹。

材料长度：140 cm（材料长 100 cm，部分需要拼接）。

图 4.12　主梁图纸二

（4）斜翼梁图纸（方盒式），如图4.13所示。

使用材料：厚2 mm的轻木。

加工纹路：横纹。

图4.13　斜翼梁图纸（方盒式）

（5）肋1图纸，如图4.14所示。

使用材料：厚2 mm的轻木。

加工纹路：横纹。

图4.14　肋1图纸

（6）肋2图纸，如图4.15所示。

使用材料：厚2 mm的桐木。

加工纹路：横纹。

图4.15　肋2图纸

（7）舱图纸，如图4.16所示。

使用材料：厚3 mm的轻木。

加工纹路：横纹。

图4.16　舱图纸

（8）电机座图纸，如图 4.17 所示。

使用材料：厚 3 mm 的三层板。

加工纹路：横纹。

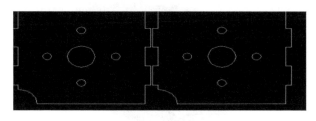

图 4.17　电机座图纸

3. 航电材料

（1）电机性能指标（Sunnysky V4006 380 KV 多旋翼盘式电动机）。

定子外径：40 mm　　　　　　　　定子高度：6 mm

定子槽数：18　　　　　　　　　　电机电阻：47 mΩ

电机 KV 值：380　　　　　　　　　空载电流：0.9 A

最大连续电流：35A/30S　　　　　　质量：68 g

支持锂电池节数：4S　　　　　　　建议使用电调：30 ~ 40 A

推荐螺旋桨规格：11 mm × 4.7 mm、12 mm × 3.8 mm、12 mm × 4.7 mm、14 mm × 4.7 mm、15 mm × 5.5 mm

（2）MWC 飞控板如图 4.18 所示。CRIUS MULTIWII LITE 轻量版硬件配置：ATMEGA328P 单片机，内含 iTG3205 三轴数字陀螺仪和 ADXL345 三轴加速度传感器。

图 4.18　MWC 飞控板

（3）银燕舵机，如图4.19所示。

图 4.19　银燕舵机

舵机是一个根据遥控信号来决定摇臂偏转角度的器件，通过摇臂上连接的钢丝来改变飞行控制翼面的偏转角度，进而完成飞行姿态的调整。

型号：银燕舵机 ES08A 金属齿轮

质量：8.5 g

工作电压：4.8～6 V

扭力：1.5/1.8 kg·cm （4.8 V/6 V）

速度：0.12 s/60° （4.8 V），0.10 s/60° （6 V）

尺寸：23 mm×11.5 mm×24 mm

插头规格：Futaba/JR 通用

4.4　飞行训练与技巧

飞行训练可分步进行，如图4.20所示。

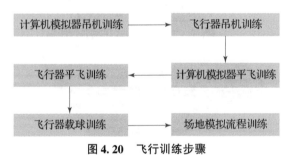

图 4.20　飞行训练步骤

1. 计算机模拟器吊机训练

这是航模飞行训练第一步。模拟飞行能让飞手掌握基本操作方法，了解不同打舵飞行器的姿态变化；吊机训练能让飞手掌握飞行器的操纵方法，是飞行器吊机训练的基础。

主要训练内容：保持飞行器吊机状态，训练飞手相应的空间思维、状态转换时的视角转换，模拟自己作为飞行器内部飞行员时的场景，增强代入感。

2. 飞行器吊机训练

模拟器训练和飞行器训练之间有很大差别，主要反映在舵灵敏度上。在模拟器上，舵灵敏度较低，飞手可以及时反应；但飞行器的灵敏度高，容易发生事故。飞行器吊机训练是飞手适应飞行器的第一步。

主要训练内容：可以通过牵绳的方法，在飞行器两端粘上细绳，在飞行器即将发生事故时，由两端受力来阻止飞行器失控。此种训练方式能快速提升飞手的训练水平。

3. 计算机模拟器平飞训练

该训练主要训练飞手操纵飞机转向。平飞和吊机是两种不同的控制方式，主要反映在飞机需要保持姿态的变化，需要飞手有一定的空间思维，能适应这种由垂直状态向水平状态的转变。

主要训练内容：可以在模拟器中模拟两根长杆，持续围绕长杆进行飞行转向训练，从而在一定程度上提升飞手的熟练度。

4. 飞行器平飞训练

这是掌握飞行器最后的重要一步，也是最为艰难的一步，在这个环节，操控飞行器常出事故，飞手也将承受很大的压力，即飞机制作时间成本和训练效果之间的矛盾。经历这个环节意味着飞手对飞行器的掌握已经只剩下"最后一公里"。

5. 飞行器载球训练

在掌握平飞之后，载球训练就相对简单，但仍然有可能出现事故，其原因在于飞行器载球后对飞行器重心的改变。对飞翼微调，可使飞行器初始姿态更加平稳，这是非常重要的。

在初始条件下，可以固定球的位置，主要进行载球时状态转换、从垂飞到平飞的训练，并逐渐适应此过程，最终达到一步到位、快速转向的目标。

6. 场地模拟流程训练

这一步是为了让飞手能更好地适应场地，达到减少时间、获得更高成绩的目的，其中快速平飞转弯拉起投球是关键。

这个环节的训练主要是团队成员之间的磨合，逐渐了解、适应相应事故的发生，掌握对出现装球错误等情况的解决方法，飞手逐步训练投球精准度，在保证飞行速度的前提下提高得分。

4.5　飞行注意事项及常见故障排除

垂直起降双轴飞行器的飞行注意事项及常见故障排除与电动滑翔机基本相同，读者可参阅 3.5 节。

第5章

固定翼载重飞行器设计与制作

5.1 概 述

本章所设计与制作的固定翼载重飞行器是为参赛 CADC 的限距载重空投项目，并曾多次获得奖项。该固定翼飞行器主要由轻木与碳纤维制成，具有升阻比高、结构轻、强度大、起飞重量大，安装方便等特点。全机质量（包括电池在内）控制在 1 kg 以内，空载时可做筋斗等大过载机动动作，进行比赛时任务载荷可在 6 kg 以上。

1. 技术要求

（1）模型动力必须使用 3S 锂聚合物电池。

（2）除水袋之外，模型空载质量不超过 1 kg，装载质量不得小于 2 kg。

（3）除载重物外，模型所有部件及附属设备（含电池、遥控器、工具等）必须能全部装入外部尺寸长、宽、高之和不大于 1 800 mm 的长方体箱子中。

（4）模型必须以滑跑的方式从起飞线前起飞，滑跑距离不得超过 25 m（以前起落架为准），起飞不得借助外力或其他装置。模型可带动力着陆，但必须在接地后关闭发动机。

（5）模型载重物只允许用水，载重用水不允许有提高比重的人为溶解物。

2. 主要设计指标

本设计基于小型化，考虑到实用性与经济性，提出了如下设计指标：

（1）本无人机采用小型化设计，故最大翼展不超过 2 m。

（2）本无人机设计为 1 kg 级别，最大任务载荷能力设计 5 kg。

（3）动力电池电压最高不超过 12.6 V。

（4）本机采取模块化设计，方便携带和运输。

本章将根据以上设计指标，进行本机参数设计。

3. 基本飞行任务剖面

比赛场地设置如图5.1所示。

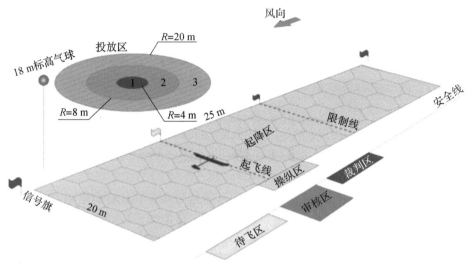

图5.1 比赛场地设置示意图

（1）任务区：比赛场地划分为起降区、投放区、待飞区和禁投区4部分。比赛时，起降区和待飞区只允许工作人员和参赛运动员入内，投放区和禁投区只允许工作人员入内。

（2）起降区：模型起降区为长、宽不低于100 m×20 m的跑道。

（3）操纵区：操纵员在远离投放区一侧跑道边线外操作。

（4）投放区：比赛场地设半径分别为4 m、8 m、20 m的同心圆载重物投放区，投放区圆心距远离投放区一侧跑道边线直线距离不超过40 m。

（5）禁投区：跑道及其两端各150 m、投放区及其上下风方向各250 m为禁区。

（6）跑道两端距离靶心80 m处设置信号旗。模型必须从信号旗外端飞入场地，且高度和航向达到投放要求，执行裁判员方可发出投放许可（"可以空投"指令）。

接下来，对比赛过程进行飞行任务剖面阶段划分。飞行任务剖面是飞机的航迹图形，可形象地表达飞机的飞行任务，是飞机战术技术要求的组成部分和重要设计依据。图5.2所示为本章设计的无人机飞行任务剖面，数字1~5

图5.2 基本飞行任务剖面

表示 5 个阶段：1 为起飞阶段；2 为爬升阶段；3 为巡航与任务阶段；4 为减速下降阶段；5 为着陆阶段。

4. 初步重量估算

设计飞机时，通常先估算起飞质量。一般将飞机的起飞质量 m_0 分为以下四个部分[4]：

$$m_0 = m_{\text{crew}} + m_{\text{PL}} + m_{\text{F}} + m_{\text{E}} \tag{5.1}$$

式中，m_{crew}——乘员质量；

$\quad\quad m_{\text{PL}}$——有效载荷质量；

$\quad\quad m_{\text{F}}$——燃油质量；

$\quad\quad m_{\text{E}}$——空机质量。

由于本机采用的电动机为动力型，不考虑飞行过程中燃油质量变化，故 $m_{\text{F}} = 0$；而且本机为无人机，因而乘员质量 $m_{\text{crew}} = 0$。由设计指标可知，本机空机质量 $m_{\text{E}} = 1 \text{ kg}$，有效载荷质量 $m_{\text{PL}} = 5 \text{ kg}$，所以 $m_0 = 6 \text{ kg}$。

5.2　系统结构设计与工作原理

5.2.1　系统分析与估算

1. 飞机升阻特性估算

1）升阻比计算

升阻比即飞机在飞行过程中升力 L 与阻力 D 的比值，是表示飞机气动效率的一个参数。在飞机设计初期，升阻比 K 与浸润展弦比 λ_{jr} 近似成反比。浸润展弦比即浸润面积比与展弦比的比值。浸润面积比为全机浸润面积 S_{jr} 与机翼浸润面积 S 的比值；展弦比 A 为翼展和弦长的比值。浸润面积比越大，升阻比越小；展弦比越大，升阻比越大。

升阻比 K 为

$$K = L/D = C_L/C_D \tag{5.2}$$

式中，L——升力，$L = qSC_L$，q 为动压，C_L 为升力系数；

$\quad\quad D$——阻力，$D = qSC_D$，C_D 为阻力系数；

将浸润面积比取 $S_{\text{jr}}/S = 5$，展弦比 A 取 8，则

$$\lambda_{\text{jr}} = AS/S_{\text{jr}} = 1.6 \tag{5.3}$$

对于升阻比 K，参考图 5.3 所示的统计值，本机类似于亚声速下的螺旋桨飞机，故 $K = L/D = 12$。

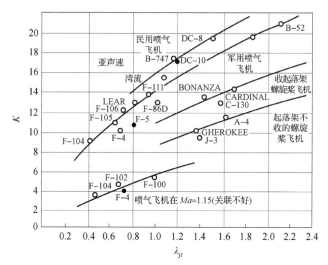

图 5.3 升阻比与浸润展弦比

2）零升阻力系数和极曲线

亚声速零升阻力系数的估算公式为

$$C_{D0} = C_{fe} \frac{S_{wet}}{S} \tag{5.4}$$

式中，S_{wet}——飞机浸润面积；

$\qquad$ S——飞机参考面积；

$\qquad$ C_{fe}——蒙皮摩擦阻力系数。

由前文可知，浸润面积比为 5，蒙皮摩擦阻力系数可参考表 5.1 中的 C_{fe} 统计值。

表 5.1 亚声速各机型蒙皮摩擦阻力系数统计值

机型	C_{fe}（亚声速）	机型	C_{fe}（亚声速）
轰炸机及运输机	0.003 0	轻型飞机（单发）	0.005 5
军用货机	0.003 5	轻型飞机（双发）	0.004 5
海军战斗机	0.004 0	螺旋桨飞机	0.004 5
空军战斗机	0.003 5	喷气飞机	0.004 0

此处，蒙皮摩擦系数参考轻型飞机（单发），取 0.005 5，故可得 C_{D0} 为 0.027 5。

全机阻力系数的计算公式为

$$C_D = C_{D0} + K_1 C_L^2 \tag{5.5}$$

式中，K_1——升致阻力系数。

亚声速下，K_1 估算值为

$$K_1 = \frac{1}{\pi Ae} \tag{5.6}$$

式中，A——机翼展弦比，由前文可知 $A = 8$；

e——奥斯瓦尔德效率因子，在亚声速直机翼情况下，$e = 1.78(1 - 0.045A^{0.68}) - 0.64$。

综合以上数据，可得全机阻力系数 $C_D = 0.027\,5 + 0.049\,1C_L^2$，绘制图 5.4 所示的极曲线。

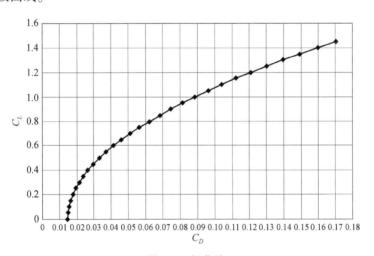

图 5.4　极曲线

2. 推重比和翼载荷估算

1）推重比估算

飞机推重比即发动机推力与飞机质量之比，推重比影响飞机的飞行性能。飞机推重比大，则起飞距离短，机动性能好。但是如果盲目追求高推重比，就会受到发动机性能的限制，故需要对推重比参数进行合理选择。

（1）初步估算时，可以根据统计经验值确定推重比。表 5.2 所示为典型飞机推重比统计值。本设计的预估推重比为 0.5。

表 5.2　典型飞机推重比统计值

飞机类型	推重比范围	经典机型及其推重比
大型喷气运输机	0.25~0.3	C - 17，0.27
大型喷气民航机	0.25~0.4	波音 747 - 400，0.29

飞机类型	推重比范围	经典机型及其推重比
小型喷气飞机	0.3 ~ 0.6	湾流 G550, 0.38
教练机/攻击机	0.6 ~ 0.9	FBC − 1, 0.82
战斗机	0.9 ~ 1.2	歼 10, 1.024

（2）根据平飞状态确定推重比。在飞机匀速水平飞行时，升力 L 和重力 W 相等，推力 T 与阻力 D 相等，故此状态下的推重比公式为

$$T/W = \frac{1}{L/D} \tag{5.7}$$

式中，已知 L/D 为 12，故 $T/W = 0.083$。

（3）根据爬升性能确定推重比。公式如下：

$$\frac{T}{W} \geqslant G + 2\sqrt{\frac{C_{D0}}{\pi Ae}} \tag{5.8}$$

式中，G——爬升梯度，若飞机爬升倾角为 20°，则 $G = \tan 20°$。

已知零升阻力系数 $C_{D0} = 0.027\,5$，展弦比 $A = 8$，奥斯瓦尔德效率因子 $e = 0.810\,6$，则 $T/W \geqslant 0.436$。

综上可得，推重比选取计算结果中的最大值为 0.6。

2）翼载荷估算

翼载荷即飞机质量 m_0 和机翼浸润（参考）面积 S 之比。翼载荷小的飞机比翼载荷大的飞机操纵性和机动性好，飞行速度更慢；翼载荷大的飞机穿透性较好，飞行速度快。确定合适的翼载荷，对飞机的性能是非常重要的[27]。

根据表 5.3 所示的翼载荷统计值，可将本次设计的翼载荷取值为 75。由前文计算的起飞质量 $m_0 = 6$ kg，由式（5.8）可得机翼浸润（参考）面积为 80 dm²。

$$S = m_0/E \tag{5.9}$$

式中，S——机翼浸润（参考）面积，单位为 dm²；

m_0——飞机质量，单位为 g；

E——翼载荷，单位为 g/dm²。

表 5.3 翼载荷统计值

飞机类型	翼载荷范围/（g·dm⁻²）
常规模型飞机	60 ~ 100
龙眼无人机	50 ~ 70
ZALA421 − 08 无人机	30 ~ 50

3. 飞机气动布局选取

飞机气动布局型式通常是指其不同气动力承力面安排型式[5]。在飞机设计过程中，选择合适的气动布局型式非常重要，其影响着飞机的性能。随着航空航天的发展，如今已经有多种气动布局型式。每种布局具有各自的优点和缺点，下面对几种常见布局进行分析。

1）常规式布局

常规式布局是机翼在尾翼前的布局型式，如图 5.5 所示。

图 5.5　常规式布局

优点：应用比较广泛，其稳定性、操纵性等性能比较均衡。

缺点：水平尾翼处于机翼的下洗区，导致效率下降；在飞行过程中，水平尾翼为了配平飞机，通常产生负升力，导致全机总升力减小。

2）无尾布局

无尾布局是没有水平尾翼和前翼的布局型式，如图 5.6 所示。

图 5.6　无尾布局

优点：没有水平尾翼，从而减轻结构质量，其俯仰需要靠副翼来完成。

缺点：副翼在配平时会产生一定的阻力；起飞着陆性能差，通常为了改善起飞着陆性能而采取较大的机翼面积。

3）飞翼布局

飞翼布局是没有平尾和垂尾的布局型式，如图 5.7 所示。

图 5.7　飞翼布局

优点：气动效率高，可有效减少翼身之间的阻力；有效装载空间大；没有垂尾和平尾，结构质量较小。

缺点：没有尾翼，导致稳定性下降；起飞着陆时，升降舵配平需要提供负升力，所以起飞着陆性能较差。

4）鸭式布局

鸭式布局是前翼（鸭翼）在主翼前面的布局型式，如图 5.8 所示。

图 5.8　鸭式布局

优点：配平阻力比较小，具有较大的升阻比；采用近距耦合鸭翼型式，可以使前翼和主翼同时产生的脱体涡更稳定，产生较大的涡升力[5]。

缺点：前翼的选择较为困难，若布置不当，就会引起机翼弯矩增加，阻力增大；存在大迎角时俯仰力矩上仰头的问题。

通过综合分析，本机采用常规式布局，其技术比较成熟，性能比较均衡。

5.2.2　结构参数设计

1. 翼型的选取

1）翼型的基本定义和几何参数

翼型是指机翼的剖面形状，其几何形状决定了它的空气动力特性，翼型气动特性的分析研究和翼型选择具有重要的意义。翼型的几何参数参见图 3.5。

2）翼型的对比分析

在翼型的初选阶段，翼型的升力系数 C_L 能够满足飞机水平飞行。此时升

力 L 与重力 W 平衡，即

$$L = W = \frac{1}{2}\rho v^2 S C_L \tag{5.10}$$

式中，ρ——空气密度；

　　　v——相对气流速度。

升力系数公式为

$$C_L = \frac{1}{q} \times \frac{W}{S} \tag{5.11}$$

式中，q——动压；

　　　W/S——翼载荷。

本设计的主要任务指标是需要较大载荷量。根据经验，机翼气动设计选取的翼型主要分为高升力系数翼型和高升阻比翼型。理论上，高升力系数翼型有较大的载重量，但高升力系数翼型在翼梢有强大的涡流，升力损失较大，且高升力系数翼型在翼梢低雷诺数的情况下性能表现差。因此，本设计选取高升阻比翼型，同时在比较翼型时主要考虑以下几点：

（1）在飞机巡航范围内拥有最大升阻比。

（2）在升力系数和迎角的变化关系图中，最大升力系数峰值附近的曲线变化不能过于急剧，以防飞机在机动时容易失速。

（3）翼型应该有尽可能大的迎角范围，以防飞机易失速。

（4）翼型的相对厚度不能太小，需要承受较大的结构重量和简化内部配置。

分析翼型最重要的一个前提条件是估算雷诺数。雷诺数是一种可用来表征流体流动情况的无量纲数[7]，其公式为

$$Re = \frac{\rho}{u} \times V \times L \tag{5.12}$$

式中，ρ——空气密度，单位为 kg/m^3；

　　　V——飞行速度，单位为 m/s；

　　　u——流体黏性系数；

　　　L——流体在表面流过的距离，单位为 m。

根据飞机的设计要求及制造加工情况计算飞机雷诺数。巡航飞行高度取平均为 20 m，巡航速度为 10 m/s，L 取飞机的平均气动弦长 35 cm，则机翼雷诺数 $Re = 239\ 232$。

下面是翼型库中挑选的满足设计条件的 15 种翼型进行比较，将每 5 个翼型分为一组，使用 Profile 软件生成在此雷诺数下翼型的极曲线，以及随迎角变化的升力系数曲线、阻力系数曲线和升阻比曲线，其迎角范围为 $-5°\sim$

15°，然后分析比较得出每组最优翼型，最后将每组最优翼型进行综合比较考虑。

实验数据如下：

第一组：MH 114、MH 115、NACA 6411、NACA 6412、NACA 6413。第一组实验数据曲线如图5.9所示。

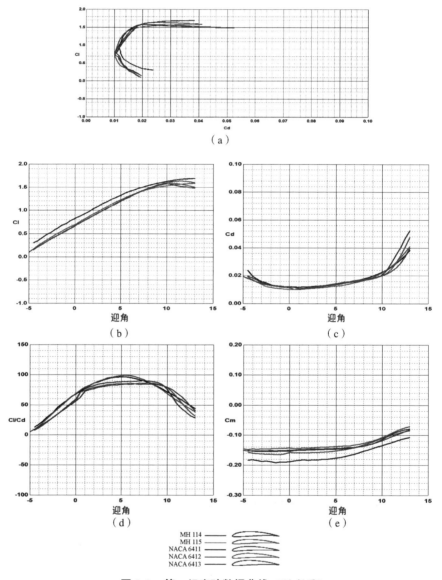

图5.9　第一组实验数据曲线（附彩图）

（a）极曲线；（b）升力系数曲线；（c）阻力系数曲线；（d）升阻比曲线；（e）俯仰力矩系数曲线

第二组：E423、CH10（smoothed）、GOE 225、GOE 226、GOE 227。第二组实验数据曲线如图 5.10 所示。

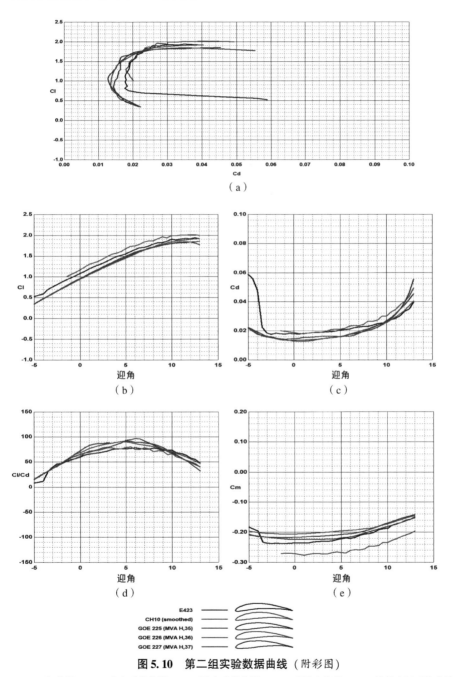

图 5.10　第二组实验数据曲线（附彩图）

（a）极曲线；（b）升力系数曲线；（c）阻力系数曲线；（d）升阻比曲线；（e）俯仰力矩系数曲线

第三组：BE10357B、Cheesman 25 – 1,00 – 10、NEUMANN、Gilroy、Miser。第三组实验数据曲线如图 5.11 所示。

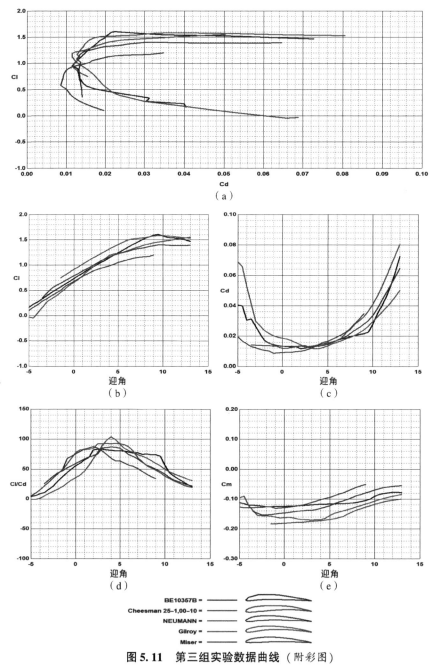

图 5.11 第三组实验数据曲线 （附彩图）

（a）极曲线；（b）升力系数曲线；（c）阻力系数曲线；（d）升阻比曲线；（e）俯仰力矩系数曲线

对这三组翼型数据进行比较，得出每组的最优翼型分别 MH 114、CH10（smoothed）和 Gilroy。将这 3 种翼型组成第四组，在此雷诺数下进行分析，数据曲线如图 5.12 所示。

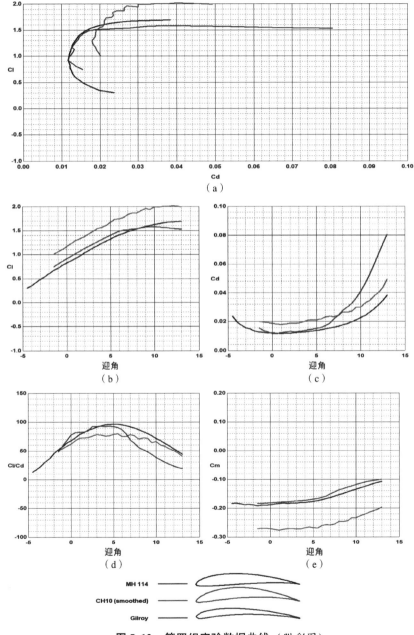

图 5.12   第四组实验数据曲线（附彩图）

（a）极曲线；（b）升力系数曲线；（c）阻力系数曲线；（d）升阻比曲线；（e）俯仰力矩系数曲线

Gilroy 翼型从 5°开始，随着迎角变大，阻力急剧变大，不利于飞机的飞行，且该翼型相对厚度较小，要求制造工艺较高，容易造成机翼刚度不够，从而严重影响飞机性能，故不予考虑。

CH10（smoothed）翼型的最大弯度为 12.84%，最大弯度值在 30.6% 的翼弦处，其最大曲面为 10.20%，最大曲面在 49.3% 的翼弦上。

MH 114 翼型的最大弯度为 13.04%，最大弯度值在 28.1% 的翼弦处，其最大曲面为 6.51%，最大曲面在 50% 的翼弦上。

虽然 CH10（smoothed）翼型在迎角为 0~10°范围内有较大的升力系数，但在此范围的阻力系数较大，所以升阻比系数比 MH 114 翼型低。从曲线图看，在雷诺数为 240 000 的情况下，CH10（smoothed）翼型升力系数曲线、阻力系数曲线和升阻比曲线在 0~10°范围内不断波动。分析其原因，可能此雷诺数比较接近翼型的临界雷诺数，如果机翼工作在临界雷诺数下，机翼的效率就会非常低[7]。上述翼型计算为机翼平均气动弦长，而梯形机翼翼梢处的弦长一般会小于平均气动弦长，所以翼梢附近的机翼可能工作在临界雷诺数下，这极大地影响了整机的气动性能。而且，MH 114 翼型的最大厚度大于CH10（smoothed）翼型，更有利于减轻结构重量和内部配置。

综上分析，本设计选取升阻比较大的 MH 114 翼型。

该翼型在迎角为 12°时产生最大升力系数为 1.7，阻力系数在 0~5°迎角处为 0.08，且较为稳定，升阻比在迎角为 4°时达最大值 120，其力矩系数在 0~5°迎角范围内较为稳定，为 -0.18 左右。

3）机翼平面形状选取

根据图 5.13 所示的机翼平面形状、载荷分布与失速变化规律，确定机翼的平面形状。

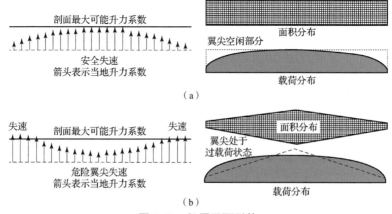

图 5.13　机翼平面形状

（a）矩形机翼；（b）大梢根比机翼

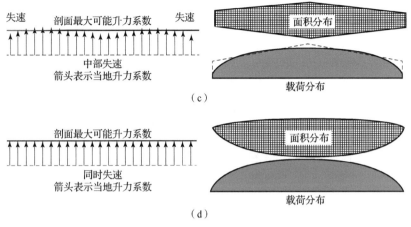

图 5.13 机翼平面形状（续）

（c）合适梢根比的机翼；（d）椭圆形机翼

（1）矩形机翼。

矩形机翼的平面形状呈矩形，制作成本低廉，常被一些轻型飞机采用。在气动特性方面，矩形机翼有良好的抗失速特性，如图 5.13（a）所示，粗实线表示假设机翼沿展长上的翼型是相同的，则展长上每个点的最大可能升力系数是相等的，当机翼根部开始失速时，翼尖可以很好地在失速角以下，翼尖没有任何失速的趋势。由于矩形翼的翼尖涡较强，因此矩形翼诱导阻力很大[8]。本机主要为载重飞机，且要求较大的升阻比，故不采用矩形机翼。

（2）梯形机翼。

梯形机翼属于平直机翼，其的气动特性介于矩形机翼和椭圆形机翼之间，如图 5.13（b）（c）所示。选择合适的梢根比，梯形机翼的失速首先出现在机翼中部，一是可以很好地避免翼尖失速，二是可以有着很好的载荷分布。综合分析，本设计采用梯形机翼。

（3）椭圆形机翼。

椭圆形机翼的平面形状呈椭圆形，其载荷能分布精确地匹配于面积，椭圆形机翼诱导阻力最小。图 5.13（d）所示椭圆形机翼整个展长能够同时达到最大升力系数，所以翼尖失速比较温和。椭圆形机翼制作工艺难度大，英国的"喷火"战斗机是航空史上为数不多的椭圆形机翼比较成熟的飞机之一。

4）机翼垂直及纵向位置选择

根据机翼相对机身的垂直位置，机翼可分为上单翼、中单翼、下单翼[6]。选择这 3 种垂直位置时，需要结合飞机的设计指标进行综合考虑。

本设计选取下单翼。从图 5.14 所示的下单翼布局可以看出，机翼的位置比较低，有利于起落架的设计。采用下单翼时，可以将机翼设计成一个整体，从而减轻飞机的结构重量。

图 5.14　下单翼布局

5）机翼几何参数设计

图 5.15 所示为机翼的几何参数，图中 S 为机翼面积，单位为 m^2；b 为机翼展长，单位为 m；c_r 为翼根弦长，单位为 m；c_t 为翼尖弦长，单位为 m。

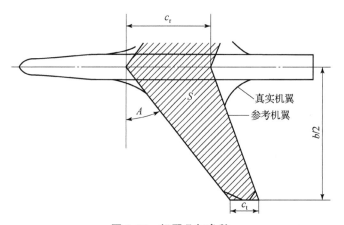

图 5.15　机翼几何参数

（1）展弦比。

$A = b^2/S$ 为机翼展弦比，是机翼的关键参数之一，对飞机的气动性能与质量都有明显的影响。图 5.16 所示为展弦比对升力特性的影响图，展弦比越大，升力曲线的斜率就越大。然而，过大的展弦比会大大增加结构重量，使机翼容易产生变形。

小展弦比机翼的诱导阻力较大，但结构强度更高，且可防止飞机在大攻角姿态时翼尖失速。

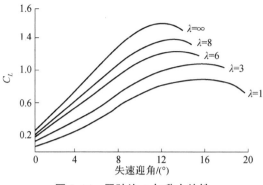

图 5.16　展弦比 λ 与升力特性

综合分析，本机设计需要具备良好的气动特性，但为了保证机翼结构的强度，展弦比不能太大。因此，本机初步取展弦比 $A = 8$。

（2）后掠角。

Λ_0 为机翼前缘后掠角，后掠角有助于提高飞机的航向稳定性。

本机飞行速度较小，远小于声速，而大后掠角机翼在亚声速下的诱导阻力较大，起飞着陆性能较差。因此，本机设计后掠角 $\Lambda_0 = 0$。

（3）梢根比。

$\lambda = c_t / c_r$ 为梢根比，即机身翼梢弦长与机翼翼根弦长之比。梢根比影响机翼的升力沿展向分布的规律[8]。小梢根比可以提高机翼升力线斜率；大梢根比机翼的翼梢负荷增大，导致机翼弯矩较大，但有利于飞机的稳定性。图5.17 所示为梢根比选取经验曲线。本机设计的后掠角为 0，根据图 5.17 所示的曲线进行分析，将梢根比取 0.5。

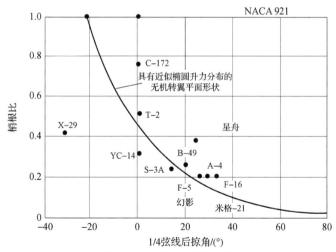

图 5.17　梢根比经验曲线

（4）扭转角。

扭转角 γ 为翼尖弦与翼根弦之间的夹角。机翼扭转能够改善较大攻角下的翼尖失速，保证飞行的安全性[9]。一般翼尖剖面翼型与翼根剖面翼型的扭转角在 $\pm 0° \sim 3°$ 以内。对于本机设计，为了简化制造工艺、降低成本，将扭转角取 $0°$。

（5）安装角。

安装角是机翼根弦与机身轴线之间的夹角。设计机翼的安装角时，应考虑使飞机在巡航状态下的升阻比最大。一般通用航空飞机安装角约为 $2°$、运输机为 $1°$、军用飞机约为 $0°$[9]。本机的安装角设计为 $3°$。

（6）上反角。

上反角是指机翼基准面和水平面的夹角，对飞机侧向稳定性有影响。表5.4 所示为上反角统计值。本机为下单翼，为了增加稳定性，将上反角取 $2°$。

表5.4 上反角统计值

飞机类型	下单翼	中单翼	上单翼
直机翼	$5° \sim 7°$	$2° \sim 4°$	$0° \sim 2°$
亚声速后掠翼	$3° \sim 7°$	$-2° \sim 2°$	$-5° \sim 2°$
超声速后掠翼	$0° \sim 5°$	$-5° \sim 0°$	$-5° \sim 0°$

2. 副翼的设计

副翼是布置在机翼后缘两侧的操作面，能够提供足够大的滚转力矩，保证飞机横向操纵性的要求，如图 5.18 所示。副翼面积相对机翼面积一般在 $5\% \sim 7\%$，副翼相对弦长为 $20\% \sim 25\%$。

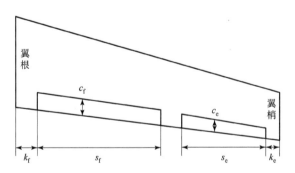

s_f—襟翼长度；c_f—襟翼宽度；s_e—襟翼长度；c_e—襟翼宽度；
k_f—襟翼距翼根长度；k_e—副翼距翼梢长度

图5.18 副翼参数定义

本机设计了相对较大的副翼，可以减小副翼的偏角，从而减小气流分离引起的阻力。本机设计主翼面积 S 为 2 m^2，机翼展长 L 为 4 m，副翼面积占主翼面积的 10%，副翼展长占机翼展长 20%。副翼相对展长与相对弦长的关系可参考图 5.19 所示的统计参数曲线，计算如下：

$$副翼面积 = 10\% \times S = 0.2(m^2) \tag{5.13}$$

$$副翼长度 = 20\% \times L = 0.8(m) \tag{5.14}$$

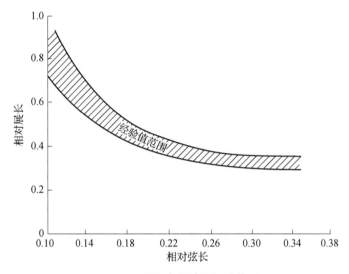

图 5.19 副翼参数选取经验范围

3. 尾翼的设计

1）尾翼布局形式选择

飞机尾翼影响飞机的稳定性和操纵性，一般由水平尾翼和垂直尾翼组成。水平尾翼简称平尾，由水平安定面和升降舵组成；垂直尾翼简称垂尾，由垂直安定面和方向舵组成。

图 5.20 所示为常规式尾翼，其优点是可以提供足够的稳定性和操纵性，并保证自身质量最小。常规布局的各项性能比较均衡，技术发展比较成熟，因而被广泛采用。本机虽然对机动性要求不高，但为减轻结构重量，将尾翼设计采用全动平尾。

2）尾翼参数设计

图 5.21 所示为尾翼设计流程，采用尾容量系数法[6]对尾翼参数进行初步设计。图 5.22 所示尾翼基本参数的定义。

图 5. 20　常规式尾翼

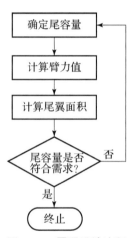

图 5. 21　尾翼设计流程

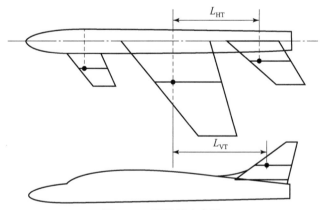

图 5. 22　尾翼基本参数

平尾尾容量 C_{HT} 和立尾尾容量 C_{VT} 定义如下：

$$C_{HT} = \frac{L_{HT}S_{HT}}{C_{AW}S} \tag{5.15}$$

$$C_{VT} = \frac{L_{VT}S_{VT}}{b_{W}S} \tag{5.16}$$

式中，L_{HT}——平尾尾力臂长度；

　　　S_{HT}——平尾面积或前翼面积；

　　　C_{AW}——机翼平均气动弦长；

　　　S——机翼面积；

　　　L_{VT}——立尾尾力臂长度；

　　　S_{VT}——立尾面积；

　　　b_{W}——机翼翼展。

表5.5所示为典型飞机尾容量统计值。由于本机选取全动平尾，在上述参考值基础上，尾容量系数可减少10%~15%，故本机设计平尾尾容量 C_{HT} 为0.7、垂尾尾容量 C_{VT} 为0.06。

表5.5　典型飞机尾容量统计值

机型	平尾	垂尾
喷气教练机	0.7	0.06
喷气战斗机	0.4	0.07
军用运输机/轰炸机	1.0	0.08
喷气运输机	1.0	0.09

对于机翼，平均气动弦长可用如下公式计算：

$$C_{A} = \frac{b_{W}^{2}}{S} = 326.87(\text{mm}) \tag{5.17}$$

对于尾力臂的选择，可根据如下经验公式计算：

$$L_{HT} = (1.5\sim2)C_{A}(\text{直机翼}) \tag{5.18}$$

综上可得，平尾面积 $S_{HT} = 0.0869\ \text{m}^2$，立尾面积 $S_{VT} = 0.0581\ \text{m}^2$。因此，将平尾选取翼型 NACA0008。对翼型进行详细气动分析，如图5.23所示。

平尾参数的选取原则是平尾的失速迎角大于机翼的失速迎角，故展弦比要小于主机翼。参考尾翼的展弦比和尖削比参数如表5.6所示。本机初始设计展弦比为3，梢根比为1。经过迭代，平尾数据统计如表5.7所示。

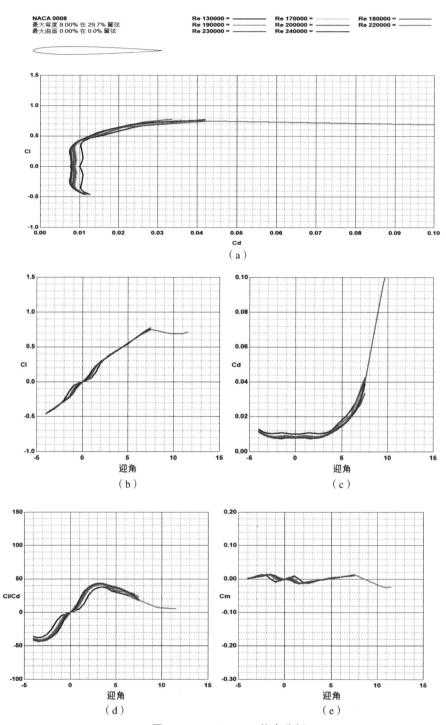

图 5.23 NACA0008 仿真分析

（a）极曲线；（b）升力系数曲线；（c）阻力系数曲线；（d）升阻比曲线；（e）俯仰力矩系数曲线

表 5.6　参考尾翼的展弦长和尖削比

机型	平尾		垂尾	
	展弦比	尖削比	展弦比	尖削比
战斗机	3～4	0.2～0.4	0.6～1.4	0.2～0.4
滑翔机	6～10	0.3～0.5	1.5～2.0	0.4～0.6
其他	3～5	0.3～0.6	1.3～2.0	0.3～0.6

表 5.7　平尾数据统计

平尾翼型	NACA0008	梢根比	1
平尾面积/m²	0.086 9	展弦比	3.33
翼根长/mm	160	平尾力臂/mm	815
翼尖长/mm	160	类型	矩形
展长/mm	534	前缘后掠角/(°)	0

　　垂尾主要提供横航向的阻尼，产生侧力，对于飞机的横航向静稳定性有重要作用[12]。一般参考平尾来选择垂尾，为了得到更好的载荷分布，可采用梯形垂尾。由于垂尾在平飞时不要求产生升力，所以多选用对称翼型。本机垂尾选取翼型为 NACA0008，已对该翼型进行了气动分析。参考表 5.7 所示的尾翼参数统计值，本机初始设计垂尾展弦比为 1.5、梢根比为 1。经过迭代，垂尾数据统计如表 5.8 所示。

表 5.8　垂尾数据统计

垂尾翼型	NACA0008	梢根比	1.4
平尾面积/m²	0.058 1	展弦比	1.796
翼根长/mm	210	垂尾力臂/mm	717.2
翼尖长/mm	150	类型	梯形
展长/mm	323	前缘后掠角/(°)	10.6

4. 舵面尾翼参数设计

升降舵的作用是控制飞机的俯仰姿态。由于本机设计为全动垂尾，整个平尾相当于升降舵，故只需考虑方向舵的设计。方向舵可用于修正飞机航线，有时可用于辅助飞机转弯[10]。方向舵面积通常为垂尾的 20%，方向舵弦长为垂直尾翼的 25%；为简化生产制造工艺，将方向舵采用矩形，且设计方向舵展长与垂直展长一致。参数如下：方向舵面积为 0.016 1 m²，方向舵弦长为 50 mm，方向舵展长为 323 mm。

5. 机身参数

机身把机翼、尾翼、起落架和发动机等连接成一个整体，能够装载载荷、设备、燃料等，是飞机上一个比较复杂的部件。

一般飞机机身的设计应满足以下要求：

（1）机身内部空间能保证满足装载的需求。

（2）机身截面及外形的设计应遵守使机身的气动阻力最小的原则。

（3）要有利于进行结构布置，具有足够的结构强度，便于连接和安装机翼、尾翼等其他部件。

在初始估计机身长度时，可参考表 5.9 所示的机身长度与起飞重量之间的统计数据。

表 5.9　机身长度与起飞重量的常用机型的 *A*、*C* 值统计数据

机型	*A*	*C*	机型	*A*	*C*
通用航空飞机（单发）	1.6	0.23	喷气教练机	0.333	0.41
通用航空飞机（双发）	0.366	0.42	喷气战斗机	0.389	0.39
农用飞机	1.48	0.23	军用运输机	0.104	0.50
双发螺旋桨	0.439	0.51	喷气运输机	0.287	0.43

然后，本机参考表 5.9 中"农用飞机"数据，根据如下经验公式计算机身长度：

$$L = AW^C \tag{5.19}$$

式中，$A = 1.48$；

$C = 0.23$；

$W = 6$ kg；

估算得 $L = 2.23$ m。根据前文尾力臂数据进行综合考虑，本机机身长度 L 为 2 m。

圆形的机身横截面能够很大程度地减小摩擦阻力，且圆形截面能很好地承受载荷，从而保证最小的结构重量。然而对于本机，在设计外形时需要考

虑到重量因素、制作工艺和周期，并结合结构设计进行综合设计。

6. 重心位置的预设

重心位置会影响飞机的操纵性和稳定性。重心太靠前，飞机将过于稳定，升降舵和方向舵的操纵效率降低；重心太靠后，飞机飞行时的俯仰姿态将过于敏感，若重心靠后至焦点以后，则飞机属于不稳定范畴，飞机俯仰方向将变得很不稳定[26]。只有合适的重心位置才可以很好地协调操纵性和稳定性的关系。

在飞机设计中估算重心位置时，一般是先估算各部件的质量，再通过力矩等式估算重心位置，如图 5.24 所示。但此类估算方法只适用于载人飞机，所以对本机重心的估算主要是起到对后期结构设计时重心验算的作用。

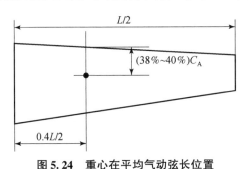

图 5.24　重心在平均气动弦长位置

本机遵循上述设计经验，将重心位置预设在本机机翼平均气动弦长 C_A 的 25% 处，即

$$25\% C_A = 0.07(\text{m}) \tag{5.20}$$

7. 起落架的形式及相关参数

起落架装置是飞行器重要的具有承力兼操纵性的部件，在飞行器安全起降过程中，在飞行器安全起降过程中担负着极其重要的使命。起落架是飞行器起飞、着陆、滑跑、地面移动和停放所必需的支持系统，是飞机的主要部件之一，其性能的优劣直接关系到飞机的使用与安全[16]。起落架主要有后三点式、前三点式、自行车式、多支点式等基本形式，在此介绍后三点式起落架、前三点式起落架。

后三点式起落架是早期飞机常用的样式，如图 5.25 所示，它的主轮在重心之后，尾轮在机身尾部。这种设计的优点是构造简单、重量轻、容易在螺旋桨飞机上布置，而且飞机停机角与最佳起飞迎角相接近，易于起飞。其缺点是方向稳定性差，着陆时必须三点同时接地，操纵较困难，而且在高速滑行过程中刹车容易发生倒立、翻筋斗现象。

图 5.25　后三点式起落架

前三点式起落架的两个支点（主轮）对称安装在飞机重心后面，第三个支点（前轮）位于机身前部（即前轮在主轮前面），其方向稳定性好，有利于飞机在地面滑跑，如图 5.26 所示。由于主起落架布置在飞机重心稍后处，因此当飞机着落时机头会产生向下的力矩，从而有助于减少飞机跳跃现象，操纵性更好。前起落架距飞机重心较远，支承力矩很大，飞机落地后可以全力制动。

图 5.26　前三点式起落架

本机为低空低速飞机，因此采用固定式起落架，没有起落架收放装置，可以最大限度减轻结构重量。但由于本机需要方便携带且需要装箱，故起落架采用快拆设计，在装箱时可以拆卸。本设计采用前三点式起落架，设计前起落架安装于机身上，并在安装位置设计转向装置；设计后起落架分别安装在左机翼和右机翼上，并在安装位置设计加强隔框，从而避开起落架布置在机翼上所带来的降落冲击翼梁问题。图 5.27 所示为起落架的基本参数。

（1）停机角。

飞机的水平基准线与跑道平面的夹角为停机角 ψ。对于采用前三点式起落架的飞机，停机角 ψ 取 3°。

（2）擦地角。

图 5.26 中的 φ 为擦地角。对于大多数飞机，擦地角的取值范围为 10° ～ 15°，此处将擦地角取 15°。

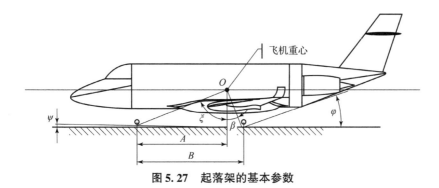

图 5.27　起落架的基本参数

（3）防倒立角。

图 5.26 中的 β 角为防倒立角。为了防止飞机在起飞和降落过程倒立擦地，防倒立角应大于擦地角，且不小于 15°。本机设计擦地角为 15°，故将防倒立角取 20°。

（4）起落架高度。

本机为前轮式螺旋桨飞机，故设计起落架高度时需要考虑螺旋桨的尺寸。前文已设计螺旋桨半径为 0.3 m，故将起落架高度设计为 0.35 m。

（5）前主轮距和主轮距。

图 5.26 中的 B 为前轮和主轮的距离（即前主轮距），B 的取值公式为[6]

$$B = (0.3 \sim 0.4)L_F \tag{5.21}$$

式中，L_F——机身长。

由前文计算得 $L_F = 2$ m，则 $B = 0.3 \times 2 = 0.6(\text{m})$。

主轮距是两个主轮中心线之间的距离。一般来说，主轮距越大，起飞、着陆及滑跑时的稳定性就越好。图 5.28 所示主轮距示意图。b 的取值公式为

$$b \geq \frac{2hBu}{\sqrt{a^2 - h^2 u^2}} \tag{5.22}$$

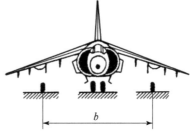

图 5.28　主轮距示意图

式中，u——侧向摩擦系数，此处取 0.85；

　　a——前轮距重心的距离，因重心偏后，故取 $a = 0.4$ m；

　　h——重心到地面的垂直距离，$h = 0.35$ m；

计算可知，$b \geq 0.38$ m。

（6）轮胎参数设计。

本机选取前三点式起落架。对于前三点式起落架，前起落架一般承担飞机重量的 6% ~ 15%[13]。本机起飞质量 W 为 6 kg，故载荷分配设计如下。

前起落架分配载荷： $W_1 = W \times 10\% = 0.6(\text{kg})$ （5.23）

主起落架分配载荷： $W_2 = W \times 90\% = 5.4(\text{kg})$ （5.24）

对于轮胎参数，初步估算公式为

$$主轮直径（或宽度） = Am_\text{w}^B \qquad (5.25)$$

式中，m_w 为轮胎载荷；A 和 B 的取值可参考表5.10。

表 5.10 飞机轮胎参数

机型	直径		宽度	
	A	B	A	B
通用航空飞机	5.1	0.349	2.3	0.312
商用双发飞机	8.3	0.251	3.5	0.216
运输机/轰炸机	5.3	0.315	0.39	0.480
喷气战斗机/教练机	5.1	0.302	0.36	0.467

参考通用航空飞机数据，已知前轮和主轮载荷分配，则前轮和主轮的参数计算如下。

前轮直径： $Am_\text{w}^B = 5.1 \times 0.6^{0.349} = 4.3(\text{cm})$ （5.26）

前轮宽度： $Am_\text{w}^B = 2.3 \times 0.6^{0.312} = 2.0(\text{cm})$ （5.27）

主轮直径： $Am_\text{w}^B = 5.1 \times 5.4^{0.349} = 9.2(\text{cm})$ （5.28）

主轮宽度： $Am_\text{w}^B = 2.3 \times 5.4^{0.312} = 3.9(\text{cm})$ （5.29）

8. 动力装置设计

前拉式和尾推式为小型无人机动力系统常见的安装方式。对安装在飞机上的动力系统，通常有以下要求：

①动力装置引起的气动阻力应该最小；

②动力装置应该具有足够高的可靠性；

③发动机的推力轴线应该尽量减少对飞机操纵性、安定性的影响。

本机采用常规式气动布局，且尾翼处机身很小，不易安装动力系统，所以不适合选取机尾推进式。本机需要较大的推重比，由于螺旋桨尺寸较大，若对单发机翼后缘式布置，就必然无法容纳过大的螺旋桨尺寸。对于机头拉进式和双发前缘拉进式的选择，为了减轻机翼所承受的载荷，从而降低机翼强度、减轻整机重量，最终选取机头拉进式。

本机动力选取无刷直流电动机。无刷电动机的构造原理是永磁磁极（转子）旋转、励磁线圈（定子）固定，其优点为功率和扭矩大，由于没有碳刷，故寿命比有刷电动机的更长[24]。根据推重比计算，动力装置需要至少 4 kg 拉力。为保证无人机能够安全飞行并具有足够的机动性，本机所需的最大推力约为 4 kg。螺旋桨的型号必须与电动机相匹配。螺旋桨过大，则电动机正常工作时达不到巡航飞行时的最佳转速；螺旋桨过小，则电动机效率过低，会使能量消耗较大，减少最大续航时间。

最初考虑采用电动机直驱，然而经过分析，直驱动力在满足 4 kg 拉力下本身质量较大，故设计一款减速装置，在满足 4 kg 拉力条件下可以减轻整套动力系统，通过对比分析，就确定了无刷电动机的型号，以及电动机与螺旋桨的搭配方案。

图 5.29　天蝎星 2221 电动机

本机将电动机选取天蝎星 2221 电动机（图 5.29），其参数指标如表 5.11 所示。从动齿采用 121 标准斜齿齿轮，主动齿选取 9 齿、10 齿、11 齿、12 齿，通过不同螺旋桨配比得出 6 组方案，采用 eCalc 动力计算软件得出 6 组方案动力详细参数。

表 5.11　电动机参数指标

定子直径/mm	22.0	质量/g	81
定子厚度/mm	21.0	电动机直径/mm	27.9
电动机 KV	4 400	电动机长度/mm	38.3
最大持续电流/A	52	电动机轴径/mm	3.17
最高持续功率/W	525	最大支持 Lipo	3S

第一组：减速比为 10.08，螺旋桨尺寸为 20×11①，最大推力为 3 509 g。第一组数据如图 5.30 所示。

第二组：减速比为 11，螺旋桨尺寸为 20.5×13，最大推力为 3 861 g。第二组数据如图 5.31 所示。

第三组：减速比为 11，螺旋桨尺寸为 22×10，最大推力为 3 650 g。第三组数据如图 5.32 所示。

---

①　螺旋桨型号表示：桨径×螺距，桨径与螺距的单位均为英寸（常省略）。

马达局部分段负载						静拉力		螺旋桨效率		前进速度	
螺旋桨 rpm	油门 %	电流(DC) A	电压(DC) V	输入功率 W	效率 %	g	oz	g/W	oz/W	km/h	mph
400	9	0.2	11.1	2.1	26.2	38	1.3	18.3	0.65	7	4
600	13	0.4	11.1	4.2	44.0	85	3.0	20.5	0.72	10	6
800	18	0.7	11.1	7.5	57.5	152	5.3	20.1	0.71	13	8
1000	22	1.1	11.1	12.7	66.8	237	8.4	18.7	0.66	17	10
1200	27	1.8	11.1	20.0	73.1	341	12.0	17.0	0.60	20	13
1400	32	2.7	11.1	30.0	77.4	464	16.4	15.5	0.55	23	15
1600	36	3.9	11.0	43.1	80.4	606	21.4	14.1	0.50	27	17
1800	41	5.5	11.0	59.9	82.4	767	27.1	12.8	0.45	30	19
2000	46	7.4	11.0	80.8	83.8	947	33.4	11.7	0.41	34	21
2200	51	9.8	11.0	106.3	84.8	1146	40.4	10.8	0.38	37	23
2400	56	12.7	10.9	136.9	85.5	1364	48.1	10.0	0.35	40	25
2600	62	16.1	10.9	173.2	85.9	1601	56.5	9.2	0.33	44	27
2800	67	20.2	10.8	215.7	86.2	1856	65.5	8.6	0.30	47	29
3000	73	25.0	10.7	264.9	86.3	2131	75.2	8.0	0.28	50	31
3200	79	30.5	10.6	321.3	86.3	2425	85.5	7.5	0.27	54	33
3400	85	37.0	10.5	385.6	86.3	2737	96.6	7.1	0.25	57	35
3600	91	44.5	10.4	458.2	86.2	3069	108.2	6.7	0.24	60	38
3800	98	53.1	10.3	539.8	86.0	3419	120.6	6.3	0.22	64	40
3850	100	55.9	10.3	566.1	85.6	3509	123.8	6.2	0.22	65	40

最大螺距时马达状态
马达: 55.93 A
电压: 10.12 V
转速: 38803 rpm
输入功率: 566.1 W
输出功率: 484.4 W
效率: 85.6 %
预测温度: 65 ℃
149 ℉

功率表度数
电流: 55.93 A
电源: 10.26 V
功率: 573.8 W

图 5.30 第一组数据①

马达局部分段负载						静拉力		螺旋桨效率		前进速度	
螺旋桨 rpm	油门 %	电流(DC) A	电压(DC) V	输入功率 W	效率 %	g	oz	g/W	oz/W	km/h	mph
400	10	0.2	11.1	2.3	27.7	48	1.7	21.0	0.74	8	5
600	14	0.4	11.1	4.7	45.7	108	3.8	23.1	0.82	12	7
800	19	0.8	11.1	8.6	59.1	193	6.8	22.4	0.79	16	10
1000	24	1.3	11.1	14.6	68.2	301	10.6	20.7	0.73	20	12
1200	29	2.1	11.1	23.1	74.3	434	15.3	18.8	0.66	24	15
1400	34	3.2	11.1	34.8	78.4	591	20.8	17.0	0.60	28	17
1600	40	4.6	11.0	50.2	81.1	771	27.2	15.4	0.54	32	20
1800	45	6.4	11.0	69.8	83.0	976	34.4	14.0	0.49	36	22
2000	50	8.7	11.0	94.3	84.3	1205	42.5	12.8	0.45	40	25
2200	56	11.5	10.9	124.2	85.2	1459	51.4	11.7	0.41	44	27
2400	62	14.9	10.9	160.1	85.8	1736	61.2	10.8	0.38	48	30
2600	67	18.9	10.8	202.7	86.2	2037	71.9	10.1	0.35	52	32
2800	73	23.7	10.7	252.5	86.4	2363	83.3	9.4	0.33	55	34
3000	80	29.4	10.7	310.2	86.5	2712	95.7	8.7	0.31	59	37
3200	86	36.1	10.6	376.5	86.5	3086	108.8	8.2	0.29	63	39
3400	93	43.8	10.4	451.9	86.4	3484	122.9	7.7	0.27	67	42
3579	100	52.2	10.3	531.9	85.9	3861	136.2	7.3	0.26	71	44

最大螺距时马达状态
马达: 52.22 A
电压: 10.19 V
转速: 39372 rpm
输入功率: 531.9 W
输出功率: 456.9 W
效率: 85.9 %
预测温度: 62 ℃
144 ℉

功率表度数
电流: 52.22 A
电源: 10.32 V
功率: 538.9 W

图 5.31 第二组数据

① 图中的 mph 表示英里/小时（mile per hour），俗称"迈"，1 迈 ≈ 1.61 km/h。

马达局部分段负载													最大螺距时马达状态	
螺旋桨	油门	电流(DC)	电压(DC)	输入功率	效率	静拉力		螺旋桨效率		前进速度			马达:	52.94 A
rpm	%	A	V	W	%	g	oz	g/W	oz/W	km/h	mph		电压:	10.17 V
400	10	0.2	11.1	2.3	28.0	46	1.6	19.8	0.70	6	4		转速*:	39262 rpm
600	14	0.4	11.1	4.7	46.2	103	3.6	21.8	0.77	9	6		输入功率:	538.6 W
800	19	0.8	11.1	8.7	59.6	183	6.5	21.0	0.74	12	8		输出功率:	462.4 W
1000	24	1.3	11.1	14.8	68.6	287	10.1	19.4	0.68	15	9		效率:	85.8 %
1200	29	2.1	11.1	23.5	74.6	413	14.6	17.6	0.62	18	11		预测温度:	62 ℃
1400	34	3.2	11.1	35.4	78.6	562	19.8	15.9	0.56	21	13			144 °F
1600	40	4.7	11.0	51.1	81.3	733	25.9	14.4	0.51	24	15			
1800	45	6.5	11.0	71.1	83.2	928	32.7	13.1	0.46	27	17		功率表度数	
2000	50	8.8	11.0	96.1	84.4	1146	40.4	11.9	0.42	30	19		电流:	52.94 A
2200	56	11.7	10.9	126.6	85.3	1387	48.9	11.0	0.39	34	21		电源:	10.31 V
2400	62	15.2	10.9	163.3	85.7	1650	58.2	10.1	0.36	37	23		功率:	545.8 W
2600	68	19.3	10.8	206.8	86.2	1937	68.3	9.4	0.33	40	25			
2800	74	24.3	10.7	257.7	86.4	2246	79.2	8.7	0.31	43	27			
3000	80	30.1	10.6	316.6	86.5	2579	91.0	8.1	0.29	46	28			
3200	87	36.9	10.5	384.3	86.5	2934	103.5	7.6	0.27	49	30			
3400	94	44.8	10.4	461.4	86.4	3312	116.8	7.2	0.25	52	32			
3569	100	52.9	10.3	538.6	85.8	3650	128.7	6.8	0.24	54	34			

图 5.32　第三组数据

第四组：减速比为 12.1，螺旋桨尺寸为 21×14，最大推力为 3 810 g。第四组数据如图 5.33 所示。

马达局部分段负载													最大螺距时马达状态	
螺旋桨	油门	电流(DC)	电压(DC)	输入功率	效率	静拉力		螺旋桨效率		前进速度			马达:	48.21 A
rpm	%	A	V	W	%	g	oz	g/W	oz/W	km/h	mph		电压:	10.26 V
400	11	0.2	11.1	2.6	29.2	56	2.0	21.6	0.76	9	5		转速*:	39986 rpm
600	16	0.5	11.1	5.4	47.6	126	4.4	23.5	0.83	13	8		输入功率:	494.5 W
800	21	0.9	11.1	9.9	60.8	223	7.9	22.5	0.79	17	11		输出功率:	426.2 W
1000	27	1.5	11.1	16.9	69.6	349	12.3	20.6	0.73	21	13		效率:	86.2 %
1200	32	2.5	11.1	27.0	75.4	502	17.7	18.6	0.66	26	16		预测温度:	58 ℃
1400	38	3.7	11.0	40.8	79.3	684	24.1	16.8	0.59	30	19			136 °F
1600	44	5.4	11.0	59.0	81.8	893	31.5	15.1	0.53	34	21			
1800	49	7.5	11.0	82.2	83.6	1130	39.9	13.7	0.48	38	24		功率表度数	
2000	55	10.2	10.9	111.2	84.8	1395	49.2	12.5	0.44	43	27		电流:	48.21 A
2200	61	13.6	10.9	146.6	85.6	1688	59.6	11.5	0.41	47	29		电源:	10.38 V
2400	68	17.6	10.8	189.2	86.1	2009	70.9	10.6	0.37	51	32		功率:	500.4 W
2600	74	22.5	10.8	239.7	86.4	2358	83.2	9.8	0.35	55	34			
2800	81	28.3	10.7	298.7	86.6	2735	96.5	9.2	0.32	60	37			
3000	88	35.1	10.6	367.2	86.7	3140	110.7	8.6	0.30	64	40			
3200	96	43.1	10.5	445.7	86.7	3572	126.0	8.0	0.28	68	42			
3305	100	48.2	10.4	494.5	86.2	3810	134.4	7.7	0.27	71	44			

图 5.33　第四组数据

第五组：减速比为12.1，螺旋桨尺寸为22×12，最大推力为3 723 g。第五组数据如图5.34所示。

马达局部分段负载												最大螺距时马达状态	
螺旋桨	油门	电流(DC)	电压(DC)	输入功率	效率	静拉力		螺旋桨效率		前进速度		马达:	49.30 A
rpm	%	A	V	W	%	g	oz	g/W	oz/W	km/h	mph	电压:	10.24 V
400	11	0.2	11.1	2.6	29.8	55	1.9	21.1	0.74	7	5	转速:	39820 rpm
600	16	0.5	11.1	5.4	48.3	124	4.4	22.8	0.80	11	7	输入功率:	504.7 W
800	21	0.9	11.1	10.1	61.5	220	7.8	21.7	0.77	15	9	输出功率:	434.6 W
1000	27	1.6	11.1	17.3	70.2	344	12.1	19.8	0.70	18	11	效率:	86.1 %
1200	32	2.5	11.1	27.7	75.8	495	17.5	17.9	0.63	22	14	预测温度:	59 ℃
1400	38	3.8	11.0	42.0	79.6	674	23.8	16.1	0.57	26	16		138 ℉
1600	44	5.5	11.0	60.7	82.1	880	31.0	14.5	0.51	29	18		
1800	49	7.8	11.0	84.7	83.8	1114	39.3	13.2	0.46	33	20	功率表度数	
2000	55	10.6	10.9	114.6	84.9	1375	48.5	12.0	0.42	37	23	电流:	49.3 A
2200	62	14.0	10.9	151.2	85.7	1664	58.7	11.0	0.39	40	25	电源:	10.36 V
2400	68	18.2	10.8	195.2	86.2	1980	69.9	10.1	0.36	44	27	功率:	510.7 W
2600	75	23.2	10.8	247.4	86.5	2324	82.0	9.4	0.33	48	30		
2800	81	29.2	10.7	308.5	86.6	2695	95.1	8.7	0.31	51	32		
3000	89	36.3	10.6	379.2	86.6	3094	109.1	8.2	0.29	55	34		
3200	96	44.7	10.4	460.5	86.6	3521	124.2	7.6	0.27	59	36		
3291	100	49.3	10.4	504.7	86.1	3723	131.3	7.4	0.26	60	37		

图5.34 第五组数据

第六组：减速比为13.44，螺旋桨尺寸为24×13，最大推力为4 116 g。第六组数据如图5.35所示。

马达局部分段负载												最大螺距时马达状态	
螺旋桨	油门	电流(DC)	电压(DC)	输入功率	效率	静拉力		螺旋桨效率		前进速度		马达:	53.28 A
rpm	%	A	V	W	%	g	oz	g/W	oz/W	km/h	mph	电压:	10.17 V
400	12	0.3	11.1	3.2	36.8	77	2.7	23.8	0.84	8	5	转速:	39210 rpm
600	18	0.7	11.1	7.2	55.9	174	6.1	24.1	0.85	12	7	输入功率:	541.7 W
800	24	1.3	11.1	14.1	67.9	309	10.9	22.0	0.78	16	10	输出功率:	464.9 W
1000	30	2.3	11.1	24.8	75.2	484	17.1	19.5	0.69	20	12	效率:	85.8 %
1200	36	3.7	11.0	40.5	79.7	696	24.6	17.2	0.61	24	15	预测温度:	62 ℃
1400	43	5.7	11.0	62.1	82.5	948	33.4	15.3	0.54	28	17		144 ℉
1600	49	8.3	11.0	90.8	84.2	1238	43.7	13.6	0.48	32	20		
1800	56	11.8	10.9	127.6	85.3	1567	55.3	12.3	0.43	36	22	功率表度数	
2000	63	16.2	10.9	173.8	86.0	1934	68.2	11.1	0.39	40	25	电流:	53.28 A
2200	70	21.6	10.8	230.4	86.3	2340	82.6	10.2	0.36	44	27	电源:	10.3 V
2400	78	28.3	10.7	298.6	86.5	2785	98.2	9.3	0.33	48	30	功率:	548.8 W
2600	86	36.4	10.6	379.6	86.5	3269	115.3	8.6	0.30	52	32		
2800	95	46.2	10.4	474.7	86.4	3791	133.7	8.0	0.28	55	34		
2917	100	53.3	10.3	541.7	85.8	4116	145.2	7.6	0.27	58	36		

图5.35 第六组数据

分析这 6 组数据，其中第六组的减速比为 13.44、螺旋桨尺寸为 24×13、最大推力为 4 116 g，满足设计指标，故采取第六组方案，根据电动机、减速齿等外形参数，设计减速齿组、动力装置如图 5.36 和图 5.37 所示。

图 5.36　减速齿组　　　　　　图 5.37　动力装置

本机采用常规式布局、上单翼、凹凸翼型，可以获得较大的升力；采用模块化设计（图 5.38），飞机分为机翼与机体两部分，其中机翼分为左外翼、中翼、右外翼，机体分为机身、载荷舱、动力装置、平尾、垂尾、起落架。飞机各部分分开，可以置于木箱之中，方便储存与运输。比赛时，可以通过各部件上的快速连接结构进行快速安装，并确保连接处的结构强度。

图 5.38　整机的结构拆分图

本机机翼采用轻木与碳纤维等材料制作，在确保质量不超限的前提下具有较大的翼展，能够提供足够的升力。机翼各段之间采用碳纤维管制作快速连接装置，连接强度高、规格统一、安装方便快捷。

副翼、平尾、垂尾等舵面采用透明胶带绞连接，在确保舵面转动灵活的同时具有足够的连接强度，能在恶劣环境下正常工作。

在飞行时，宽大的机翼可以提供足够的升力。机翼背面安装有投放机构，当飞机到达空投区域时，投放装置的舵机松开挂载任务载荷的绳子，任务载荷做抛体运动。飞手根据飞机的高度和速度判断空投时机，使任务载荷尽量准确击中目标。

5.3　制作流程

由于对飞机质量的限制，所以飞机主要采用轻木制作，在部分需要增加强度的位置采用桐木加强，在快速连接结构等部分则使用碳纤维管，合理分配重量，确保飞机在重量不超标的前提下具有较大的强度。

在制作飞机之前，要准备所需的材料与相应的工具。

注意：在选择轻木时，要注意观察纹理，纹理均匀的轻木强度比较高，应避免使用存在缺陷的木材；若木材出现弯曲等情况，则应将其在重物下压平后使用；对螺旋桨应选择电动桨，因为油动桨会使飞机增重。

本节介绍的这款固定翼载重飞行器的制作流程如下。

1. 切割雕刻

选择材料后，按照图纸对木材进行雕刻，获得符合要求的翼肋等零件。雕刻时，应确保有人看管，避免因激光雕刻机长时间工作而引起火灾。雕刻时，应按照图纸雕刻，并注意木板放置的位置。雕刻完一块木板后，及时对零件进行标记，防止零件混淆。如果出现零件雕坏的情况，就要及时补雕。补雕时，要对图纸进行修改，可采用边角料进行补雕，但要注意木材纹理。

在雕刻翼梁时，要制作一片拼板，可采用 10 片轻木拼接，使用 502 胶水，这样做是为了得到竖纹的木板。木材的纹理与受力情况密切联系，不能随意改变零件的纹理方向。

蒙版采用较薄的 1 mm 轻木，也需要制作成拼板。用于安装起落架的肋由于受力较大，故需要采用强度更高的桐木制作。

注意：在雕刻时，要注意木材的种类与厚度，并及时调整雕刻机的出光强度。如果出现未雕透的情况，则可用刀片等工具沿着雕刻痕迹切割，在切割时要格外小心，防止零件断裂。

2. 零件拼接

零件雕刻完成后，就需要拼接在一起，构成飞机的框架。首先，拼接翼梁。翼梁采用多层木板的结构，并使用桐木进行加强。拼接时，采用 502 胶水，建议使用速干型的，黏结比较快速、牢固。黏结翼梁时，要确保各层重合对准，注意区分上、下。翼梁的上部比较平，下部呈 V 形，但不仔细看难以区分，可以放在桌面等平面上进行观察。黏结完成的翼梁应该是平面，不会出现弯曲的情况，这在制作中要格外注意。如果翼梁弯曲，就会大大降低飞机强度，因此弯曲的翼梁只能用于制作训练机，过于弯曲的则只能报废。

其次，安装翼肋上的支承木条。雕刻机雕出的木条会有 0.3 mm 的误差，所以可以用小刀进行手工切割。木条的宽窄以刚好放进翼肋上的凹槽为宜，长度可以将翼肋稍微撑开，但不能使翼肋裂开。建议先切出较大的木条再用锉刀打磨至合适。这一步要注意木条的纹理，其与翼肋纹理方向不同。

黏结完成的翼梁可以放置于基线板上与翼肋进行拼接。这一步要注意翼肋放置的位置。按照顺序安装翼肋。安装时，先不要点胶水，在所有翼肋都安装好后进行检查，主要观察是否出现翼梁弯曲、扭转等情况，如果有则说明部分翼肋的位置不正确，与翼梁之间存在缝隙，要及时检查并改正。在安装时，可以用纸胶带对零件进行轻微固定，待确保安装正确后再用胶水黏结，而后取下纸胶带。

这一步只需要黏结翼梁、翼肋（除每一段机翼两端的翼肋）、后梁。

注意：安装时，一定要保证零件拼接严密，避免出现弯曲、扭转等情况。

3. 粘贴碳片

为了增加飞机的强度，需要对翼梁进行加强。加强时，选择 0.1 mm 厚的碳纤维片。

首先，对拼接好的机翼框架进行打磨，将翼梁上、下两面的毛刺打磨掉，若有不平整之处也应打磨平整。将碳纤维片切割成合适大小的长条，宽度应稍大于翼梁的厚度，通常将中翼取 7 mm、外翼取 5 mm，长度不得小于翼梁的长度。然后，将碳纤维片两面的涂覆层去除，既可以采用砂纸打磨，也可以用小刀刮除。无论用哪种方法都要注意：一是不能过多地破坏碳纤维片，否则起不到应有的加强作用；二是要确保完全去除涂覆层，因为这层物质会影响胶水的粘贴效果，如果不能完全去除就难以粘贴牢固。另外，在这一步要注意自身安全，有时碳片两边会有毛刺，容易扎入手指。

打磨后的碳片就可以粘贴到翼梁上。在粘贴时，要让碳片与翼梁完全贴合，这样粘贴的面积较大，粘贴后会比较牢固。由于碳片长度较长，所以容易出现碳片偏离翼梁的情况，这会使飞机强度下降。为了避免这种情况，应先将碳片放置好后用纸胶带简单固定，再在侧面（或中间）用一滴胶水粘贴，这样可以确保碳片位置准确。

由于机翼不同位置的受力大小不同，所以越靠近边缘的位置，强度应该越小，使得机翼可以发生较大的形变，甚至变成 V 形也不轻易断裂。因此需要多贴几层碳片，各层的长度依次变短，从而使机翼各处强度逐渐变化。中翼上方贴四层、下方贴三层；外翼上方贴三层、下方贴两层。

注意：粘贴碳片后，要去除多余的部分。由于切割的碳片宽度有 1 mm 的余量，所以要在粘贴完成后将多余部分去除。如果较多，则可以用小刀切掉；如果比较少，则可以用锉刀打磨。这个过程可以在每贴完一层就进行，也可以贴完所有层再进行。

4. 安装连接碳管

外翼与内翼之间采用碳管进行连接，其中外翼使用 13 mm × 15 mm 的碳管，内翼使用 15 mm × 16 mm 的碳管。

安装时，先将安装处的轻木去除，再将特制的固定工具套在翼梁上，如果套不上则可以用锉刀对翼梁进行打磨。安装每根碳管时需要两个固定工具，两者距离尽量远一些，可以确保碳管位置不会偏。套上固定工具后就可以安装连接碳管，将连接碳管插入固定工具的孔中，确保位置无误后用 502 胶水粘牢，可以用锉刀将轻木搓成粉末状洒在缝隙处，再滴 502 胶水，会连接得非常牢固。

注意：要先确保碳管与机翼梁方向一致，再用胶水固定。

5. 缠凯夫拉

凯夫拉具有密度小、强度高、耐磨性好等优点，广泛用于防弹头盔等的制造。将凯夫拉线缠绕在翼梁上，可以使碳片与翼梁保持固定，增强翼梁的强度。

注意：缠绕时，要将凯夫拉均匀分开，将翼梁全部包裹在凯夫拉内。尽量使用完整的线，避免在缠绕过程中有断裂。缠绕时要拉紧，及时使用胶水进行固定。可以用小刀使凯夫拉保持均匀分散开的状态，将适当长度的凯夫拉绕在一小片木板上，以便于使用。

6. 完成框架

完成上述流程后，就可以安装剩余的零件了，包括剩余的翼肋、机翼前缘、机翼后缘。安装时，仍要避免出现弯曲、扭转等情况。

注意：翼肋和后缘是图纸上的零件；前缘是 3 mm × 3 mm 的轻木条，如果没有，则可以用 3 mm 轻木板雕刻。由于雕刻机雕刻后会烧掉 0.3 mm，因此需要在画图时多画 0.3 mm。

7. 安装蒙板

在飞行时机翼前方受力比较大，所以需要安装蒙板以保持气动外形。受质量限制，所以采用 1 mm 轻木板。安装时，首先安装上蒙板，但只在后侧一半点胶水固定；然后，安装下蒙板，将下蒙板安装好之后用小刀和锉刀去除多余的部分；然后，将上蒙板折弯，以贴合机翼框架，这时可以从下蒙板的减重孔内滴胶水固定。

注意：由于蒙板需要弯折，所以一定要用胶水粘贴牢固。将每一根翼肋与蒙板都要粘好，蒙板与翼梁的连接处也要固定牢固，可以填入轻木粉以填补缝隙。

8. 装起落架

起落架是支承飞机的结构，起飞前要承受飞机与任务载荷，着陆时要吸收着陆能量，因此需要有较大的强度。

本机采用碳纤维管制作起落架，步骤如下：

第 1 步，将碳纤维管截成合适长度。应根据箱子的大小来决定，过长则无法装箱，过短则不利于载重。

第 2 步，在碳纤维管一端 0.5 cm 处用电钻打孔，用于安装轮子。

第 3 步，分别用层板与玻纤板雕刻轮子，用玻纤板对层板进行加固。在轮子中间的孔内安装法兰轴承，再将轮子用长螺栓安装在碳杆上。

第 4 步，把起落架放置在桐木肋与起落架梁处，再用凯夫拉缠绕紧后用胶水固定。

第 5 步，采用 1 mm 细碳管对起落架进行加强。将细碳管截成合适长度后，一端放在翼梁上，另一端放在起落架中间位置，用凯夫拉和 502 胶水进行固定。

舵机、与机身连接的"耳朵"、投放装置的安装过程与起落架安装过程相似，可以一起进行。

注意：起落架长度在安装之后无法改变，如果起落架过长则难以装进箱子内。安装轮子的螺栓时，最外侧要用防松螺母，否则可能会出现轮子掉落的情况。训练时，可以在轮子外涂一层热熔胶起到轮胎的作用，防止轮子经常损坏。用细碳管固定时，要防止碳管出现形变。

9. 熨烫蒙皮

蒙皮是机翼最外层的结构，起到保持气动外形与减少摩擦阻力的作用。首先，切割合适大小的一块蒙皮，放置在合适的位置；其次，熨烫 4 个角，起到固定的作用；最后，从外向内进行熨烫。完成蒙皮之后再装上副翼，机翼就制作完成了，如图 5.39 所示。

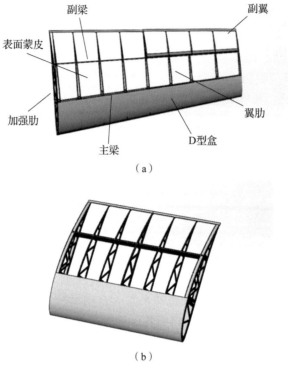

图 5.39 制作完成的机翼

（a）外段翼；（b）中段翼

注意：蒙皮受热会收缩，所以在切割时要稍微大一些。为避免蒙皮出现褶皱，一般在褶皱处多熨烫一会儿，褶皱就会消失。熨斗温度要调整合适，过高会烫坏蒙皮，过低则难以产生效果。在需要打孔的位置可以使用电烙铁。建议先用副翼进行练习。

10. 制作机身

相较于机翼的制作，机身的制作更简单。步骤如下：

第 1 步，将前后两段的上、下、左、右 4 个面分别拼接，这一步需要在基线板上进行。通过基线板的图案可以确定各个零件的准确位置，避免黏结后各个面无法对接。拼接完成后，对各面进行简单打磨，但不可打磨得过多，去除多余的毛刺即可。

第 2 步，将各面在机身框上进行对接，拼成完整的形状。这一步一定要保证各处角度正确，可以先用纸胶带固定，再滴 502 胶水。

注意：由于机身的零件比较多，所以在黏结时一定要正确分辨各部位，避免混淆零件。黏结时，要确保零件之间对接正确，防止拼接后机身出现弯曲或较大的缝隙。安装机身的连接碳管时，最好将机身放置在一个平面上，否则机身在使用时会出现弯折。拼接后，要对成品进行检查，机身是平尾与垂尾产生控制力矩的力臂，因此要保证在飞行过程中的刚性，不能存在任何漏粘的部位。对于最后的成品有缝隙的位置，要先填上轻木粉再滴胶水。长期使用的飞机机身出现裂痕后，会导致飞机的性能迅速下降，需要及时进行修补。

11. 安装机头

飞机的动力系统采用 3S 2 200 mAh 的电池与 3 500 KV 电动机、20×10 榉木桨。由于电动机 KV 值与螺旋桨不匹配，因此采用一个减速齿来增大电机力矩。步骤如下：

第 1 步，将控制前起落架的舵机安装在飞机顶部木板的舵机孔内，并用胶水固定。

第 2 步，将飞机头部四块层板和两块碳板拼接，并用胶水固定，有电动机座的一块碳板在前，电动机座在飞机右侧。

第 3 步，将前起落架安装在起落架孔内，并与舵机连接好。

第 4 步，对螺旋桨轴进行打磨，使轴承刚好可以套在轴上。将减速齿安装在螺旋桨轴前部，并用螺栓固定。在螺旋桨轴上安装轴承，从前部放进碳板中央的孔中，这时应该正好从第二块碳板中央的孔中伸出。在第二块碳板中央的孔内放入轴承，套在轴上，然后将螺母安装在轴上。

第 5 步，将电动机放在电动机座的后部，从电动机座前安装螺栓进行简单固定，然后在电动机轴上安装减速齿。调整电动机的位置，使电动机轴上的齿轮与减速齿啮合，然后将电动机固定。

第 6 步，将机头与机身拼接，用 502 胶水固定。

第 7 步，检查机身，表面光滑、没有裂缝之后就可以进行蒙皮。

注意：应确定各块木板的位置，左、右两块可以互换，上、下两块不能互换。起落架上有一片支承飞机的垫片，需要用胶水固定，在垫片下方最好缠绕几圈凯夫拉线。第一次固定电动机不要固定得太紧，待调整位置后，第二次固定时再固定紧。机头与机身连接处一定要粘牢固，先填入轻木粉再滴胶水，粘好后用砂纸打磨以减重。安装螺旋桨轴时，一定要有耐心。

12. 安装尾翼

步骤如下：

第 1 步，将雕刻好的平尾、垂尾零件进行拼接，用胶水固定。

第 2 步，将舵机安装在合适的位置。

第 3 步，用碳片进行加强，然后就可以蒙皮。

第 4 步，将升降舵和方向舵分别用胶带粘在平尾和垂尾上。

注意：安装舵面时，要在舵面与安定面之间留约 1 mm 的空隙，以保证舵面转动灵活。

13. 组装试飞

步骤如下：

第 1 步，用纸胶带固定电调、接收机。

第 2 步，将左、右外翼上的舵机线接好，将连接碳管插入中翼，再用透明胶带缠绕一圈。

第 3 步，将平尾与垂尾的舵机线与机身线相连，将垂尾从上插、平尾从下装，然后将两根 3 mm×5 mm 的碳管插入固定孔。

第 4 步，将机身后段与机身前段相连，用透明胶带在缝隙处缠绕一圈。

第 5 步，将各舵机线插入接收机内，安装螺旋桨。

第 6 步，将电池放在电动机后约 0.5 cm 处，用纸胶带固定。

安装完成后，整机结构如图 5.40 所示。

图 5.40　整机结构示意图

5.4　飞行注意事项及常见故障排除

固定翼载重飞行器的飞行注意事项及常见故障排除与电动滑翔机基本相同，读者可参阅 3.5 节。

第6章

察打一体式飞行器设计与制作

6.1 概　述

CADC 比赛的"对地侦察与打击"项目要求便携式固定翼飞机对未知范围内的未知目标物进行侦察与打击活动，要求能够根据所拍摄的照片（或识别的图像）分辨目标物的内容，并空投打击指定的目标物。在准确侦察并成功击中目标的基础上，以用时短者为胜。该项目旨在培养学生利用航空模型开展实际应用的能力，为其进入无人机侦察打击领域积累知识和技能。

1. 飞行器技术要求

（1）模型飞机及所有相关设备必须可完全置于外部尺寸为长、宽、高之和不大于 1 600 mm 的长方体箱子内，箱子必须使用硬质材料且有足够的强度，能确保比赛期间不出现破损。仅限使用固定翼模型飞机，且不超过两个电动机。

（2）模型飞机必须具备标准载重物的搭载能力，标准载重物为一瓶市售带标签未开封的 350 mL 瓶装水（容积以标签标注为准）。

（3）自动侦察和打击不允许使用物理操纵杆（或虚拟操纵杆）进行控制。可带有物理操纵杆的设备包含但不限于航模遥控器、游戏手柄、模拟飞行操纵杆等。

2. 场地设置

场地设置如图 6.1 所示。

（1）任务区：包括工作区、起飞区、降落区、目标区 4 个子区域。

（2）工作区：设有计时器；画有出发线，还包含 20 m×5 m 的障碍跑道。

（3）起飞区：尺寸不小于 30 m×10 m 的跑道区域。

（4）降落区：与起飞区并排，宽度不小于 10 m 的区域。

（5）目标区：距离起飞区约 150 m。目标区内固定 6 座间距大于 20 m 且颜色不混合放置的高为 0.5 m 的天井（以天井示意图为准），其中 3 座的底面用红色标记，另外 3 座用蓝色标明；红色天井是 A 机组的侦察目标，蓝色天井是 B 机组的侦察目标。每座天井的底部中央放置 2 个靶标，每个靶标上的数字范围为 0~9，两个靶标组成一个两位数。靶标底板为白底，字符格式为黑体黑色，字高 40 cm 且加粗带下划线。

（6）安全区：裁判工作区及观众区划定为安全区。

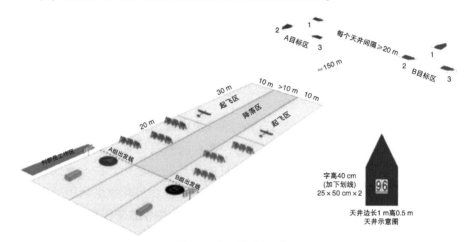

图 6.1　场地规划示意图

6.2　系统结构设计与工作原理

6.2.1　总体方案设计

根据系统设计需求，飞行器系统包括机身、机翼、动力装置等，其结构组成如图 6.2 所示。

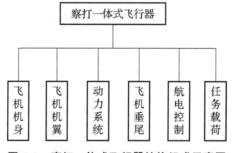

图 6.2　察打一体式飞行器结构组成示意图

该飞行器以传统固定翼模型为基础，由机头的一个电动机提供动力，气动布局采用传统固定翼的上单翼结构设计（图6.3），动力装置发挥作用，固定机翼能够出现升力，由此保证飞行的平衡稳定性。飞行器运动至目标区域，将任务载荷拍摄的图像通过图像传输设备传输至地面，确定目标的所需信息，地面机组人员对目标进行分析，找到特定的打击目标，通过遥控器对无人机下达打击指令。

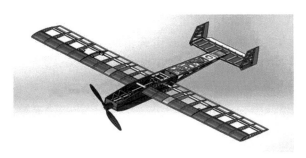

图6.3 察打一体式无人机总体布局

机翼为传统固定翼的上单翼结构设计，机身与机翼一体，由于装箱尺寸有限，因此设计左右两边机翼的小翼可以向中间机翼对折，机身也可以向上对折，从而可以极大地节省空间，更加彰显飞机的便携性能。飞行控制部分、航电部分、任务载荷部分均安装在机身的前部和中部，机身中部机腹位置可以为飞行器提供良好的配重空间，拥有更大的载重，装载用于打击目标的任务载物，使无人机在飞行时受载物的影响更小。

6.2.2 系统结构设计

1. 气动布局

气动布局采取常规式。同其他气动布局型式相比，常规式气动布局的各项性能比较均衡。

本机采用上单翼，其优点为：机翼安装在机身上面，可以保证机身内部空间的连续性，有较好的低空稳定性且对侧风不敏感，适合执行低空空投等任务。尾翼采用双垂尾，可增加方向稳定性；机身采用隔框式；翼型采用CLARK Y，此翼型在低速情况下有良好的气动特性，有较大的失速范围，能够防止飞机在大迎角下过早失速。

2. 主要结构

本机机翼采用梁式机翼，主要由外部蒙皮和内部骨架构成，蒙皮与骨架一起作为主要受力构件。骨架分为纵向骨架和横向骨架。纵向骨架指沿翼展方向的构件，包括翼梁、纵墙和桁条。横向骨架指沿机身方向的构件，主要包括机身隔框、侧板和底板等。

采用双梁结构，并在机翼主梁、前半翼肋、蒙板形成 D 形封闭盒，这种翼盒设计可提高机翼的抗扭效果，增强机翼的强度和刚度。主梁位置布置于翼肋最大厚度处，机身采用隔框式，能够在保证强度的前提下增大机身容量。

投弹装置安装在机身腹部，由一个舵机控制装载物的投放。

3. 动力装置

在飞行器前方安装螺旋桨，通过电调实现对电动机的控制。电动机采用朗宇 2820 920 KV，如图 6.4 所示；电调为好赢 60 A，如图 6.5 所示；螺旋桨为乾丰 1365，如图 6.6 所示；电池为格氏 4 000 mAh 25C，最大推力为 2 130 g，最大续航时间为 8 min。

图 6.4　电动机

图 6.5　电调

图 6.6　螺旋桨

4. 控制系统

控制系统由遥控器（图 6.7）和接收机（图 6.8）组成，默认接收机第 1 通道为副翼、第 2 通道为升降、第 3 通道为油门、第 4 通道为方向，投放装置通道可根据个人喜好设置为后三个通道之一。

5. 侦察系统

侦察系统的配置为 TS832 图传发射机（图 6.9）、RC832 图传接收机、鹰眼锐视显示屏（图 6.10）、1200TVL 摄像头（图 6.11）。1 号摄像头（焦距为 16 mm）布置在机头下方，摄像头视角方向与飞机水平方向大约呈 30°；2 号摄像头（焦距为 8 mm）布置在机身中段位置，摄像头视角方向与飞机水平方向垂直；1 号摄像头用于 FPV 飞机，2 号摄像头用于侦察地面情况；侦察到的地面目标情况通过飞机上的图传发射机将视频信号发送到地面图传接收机和显示屏，即在地面显示屏上能看到目标情况。

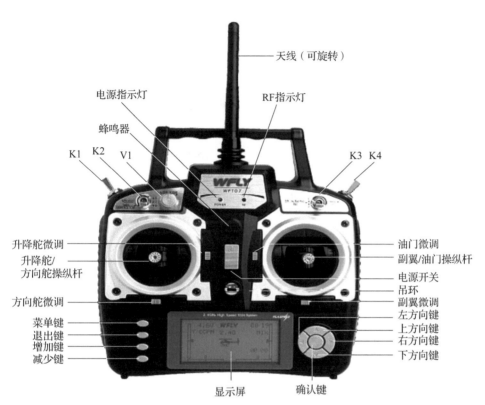

图 6.7　遥控器

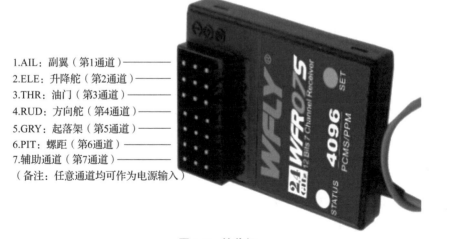

1.AIL：副翼（第1通道）
2.ELE：升降舵（第2通道）
3.THR：油门（第3通道）
4.RUD：方向舵（第4通道）
5.GRY：起落架（第5通道）
6.PIT：螺距（第6通道）
7.辅助通道（第7通道）
（备注：任意通道均可作为电源输入）

图 6.8　接收机

图 6.9　发射机　　　　　　图 6.10　摄像头

图 6.11　显示屏

6.2.3　飞机翼型的选择与实现

1. 机翼的几何特性

机翼的几何特性是指机翼所呈现的平面状态和前视状态。简言之，机翼的平面状态是基于飞机最顶端朝下观察机翼，能够在其机翼位置上所呈现的阴影形状，由于平面形状有着很大的差异，因此机翼主要包括矩形、椭圆形、梯形等，其形状类别十分丰富；机翼横截面的外部形状也可以称为翼型或者翼剖面，即与无人机相平行而雕刻机翼所形成的剖面状态。对于直升机，其旋翼与螺旋桨叶片中的横截面也可以叫作翼型。翼型本身的特性直接决定了固定翼无人机的基本功能发挥，因此需要采取严格的规格，在其结构、坚韧度等方面要确保其具有较高水准。

翼型的构成部分较多，大多数情况下，翼型在形状上较为独特，前端圆钝、后端十分尖利、底部平整，其形态和鱼侧形相近。

2. 翼型的选择

无人机翼型的选择应考虑无人机的设计需求，应具有较高的抗风性能、较高的巡航速度及较强的机动能力，这与无人机选择的翼型、确定的机翼参数是分不开的。

固定翼飞机种类众多，常见的翼型种类如图 6.12 所示。

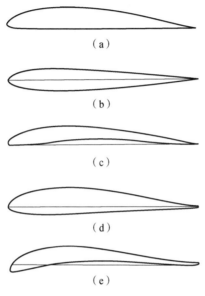

（a）

（b）

（c）

（d）

（e）

图 6.12　翼型的分类

（a）平凸翼；（b）全对称翼；（c）凹凸翼；（d）双凸翼；（e）S 形翼

（1）平凸翼：下弧线为一条直线。

（2）全对称翼：上下弧线保持凸出，且是相互对称状态，一般运用在 3D 花样特技模型直升机的翼弦部位。

（3）凹凸翼：下弧线处于翼弦线的区域，升力值较高，一般存在于较为传统的飞机或牵引滑翔机中。

（4）双凸翼：上、下弧线保持凸出形态，但是无法对称。

（5）S 形翼：中弧线和 S 形较为相近，在攻角的影响下出现改变，其压力中心保持稳定，一般在无尾翼机中应用广泛。

大多数情况下，平凸翼可以在上单翼中使用。上单翼的载重能力较强，适用于载重大、高速机动的无人机，能更好地为无人机提供稳定性。全对称翼和双凸翼常用于中单翼。中单翼的灵活性和稳定性都较为中庸，常配于喷气式飞机使用。传统固定翼无人机大多采用上单翼结构，在有适当干扰的情况下具有更好的稳定性，为满足侦察打击一体式飞行器的高速稳定性能，所以本次翼型选择上单翼结构。

上单翼结构属于传统固定翼翼型，有许多优点。

（1）上单翼结构较为单一，可以将其构置成一个同等的机翼来形成。

（2）机翼下方设置机身，结构计算相对容易，机翼框架的布局和设置也变得十分灵活。

（3）由相关动力学的原理可知，不同单翼及机身层面持平衡状态，而且在流场低压区没有设置相应的干扰层，所以能够有效保护翼身，防止其出现分离的状况。

（4）上单翼从结构上来讲十分固定，因此更容易形成相应的构架和构型。

（5）飞机的重心位置独特，设置在机翼的下方位置，不同垂线间的距离是不一样的，所以可以让滚轴变得更加稳定和平衡。

（6）上单翼这样结构的设置可以保持飞机的平衡，使飞机在飞行时能够按照稳定的姿态正常运行。

以上特点更加适合远程飞行任务，不仅拥有更加灵活的飞行性能，还能保证飞机在飞行时的飞行稳定性，更能在有强风等的恶劣天气环境下做出大角度、大幅度的飞行动作。

3. 机体的制作

按照上述选择，利用 AutoCAD 软件、激光雕刻机等工具进行机体的制作，如图 6.13 ~ 图 6.15 所示。

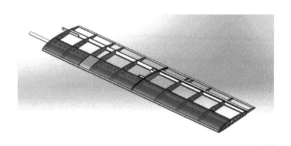

图 6.13　机翼图

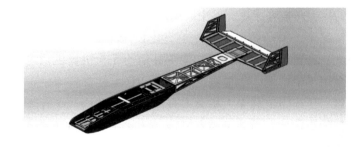

图 6.14　机身图

图 6.15　机体实物图

第 1 步，利用 AutoCAD 软件绘制机体的平面形状，然后连接激光雕刻机，用 LaserCA 软件雕刻机身机翼。

第 2 步，利用激光雕刻机将机身材料雕刻出来，按照一定的顺序进行拼接。

第 3 步，进一步组装加工，完成机体的制作。

4. 动力装置的选型

1）控制部分的设计

控制部分，选择 7 通道无线遥控器。遥控器可控制舵机转动、电动机转速等，控制系统如图 6.16 所示。

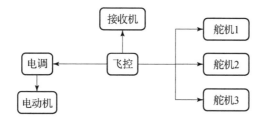

图 6.16　控制系统示意图

相应的发射信号都是由遥控器这一工具发射的，同时有关信号也是借助接收机这一模式展开，而接收机向飞控传输电信号，以达到对无人机的控制。飞控作为整架无人机的核心，分别控制 3 个舵机和电动机，电动机与电调连接，控制电动机的转速，飞控与电池之间加电源控制模块，可以起到控制电压的作用，向飞控稳定供电，使得飞控可以稳定工作。

2）动力系统的选择

结合电动机的相关数据可知，翼展与电动机之间呈现不同形式的模拟组合，如图 6.17、图 6.18 所示。

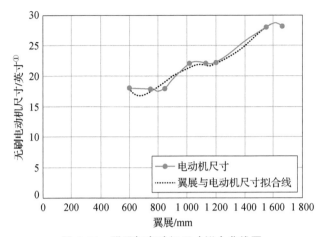

图 6.17　翼展与电动机尺寸拟合曲线图

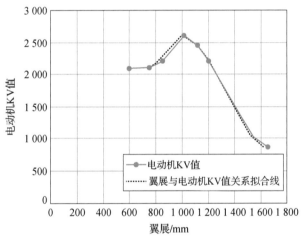

图 6.18　翼展与电动机 KV 值拟合曲线图

6.2.4　工作流程

在自动侦察过程中，通过数字图传来完成对靶标的侦察。要注意的是，在这种情况下，飞控技术对航线及高度的控制就显得尤为重要。当飞行器飞行经过靶标上方区域时，根据图传地面端传回的实时图像来确定靶标数字的大小，以执行下一步的投弹打击任务。

当侦察完成后，就会执行对目标的投弹打击，同时读取并写入对应靶标的投水航线，而且必须要保证以直线状态来飞行经过靶标上方。在此过程中，

———————————————

① 1 英寸 ≈ 2.54 cm。

一方面由地面站运行程序，另一方面从飞控程序来获取包括速度、高度、经纬度在内的实时数据。地面站通过对这些数据实时计算，得出小于允许误差时，即完成对目标的打击。

手动侦察即通过操纵遥控器控制飞机飞行，在飞行过程中需要实时观看通过飞机上的摄像头传过来的图像，侦察过程与自动类似。

6.3 制作流程

1. 材料清单

表6.1所示为制作机体部分所需的材料清单。

表6.1 制作机体部分所需的材料清单

物品	型号规格	数量
轻木板	100 mm × 100 mm × 2 mm	20 块
轻木板	100 mm × 100 mm × 3 mm	5 块
椴木层板	920 mm × 460 mm × 2 mm	4 块
椴木层板	920 mm × 460 mm × 3 mm	2 块
桐木板	100 mm × 100 mm × 1 mm	3 块
桐木板	100 mm × 100 mm × 2 mm	5 块
蒙皮	高透蒙皮	5 m
502 胶水	—	10 瓶
电动机	朗宇 X2820 KV920	1 个
电调	60A	1 个

2. 制作流程

用激光雕刻机把 AutoCAD 绘制的图纸切出来，就可以开始制作了。

（1）机身框架采用2 mm厚的层板制作，首先从搭建机头框架开始，如图6.19所示。

（2）将基线板贴在水平桌面上，并用 3 mm × 3 mm 的轻木方条在机身上做适当加强。用同样方法制作另一片机身侧板，黏结轻木方条时，应注意两侧板应左右对称。做好的一对侧板要仔细检查，保证外形一致，机身侧板中

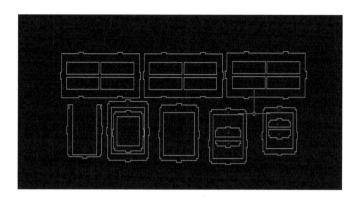

图 6.19　机身隔框雕刻图

部加装由 2 mm 厚层板制成的加强板，并根据图纸黏结舵机板及其他隔框，这样机身框架就搭建完成，如图 6.20、图 6.21 所示。

图 6.20　机身侧板雕刻图

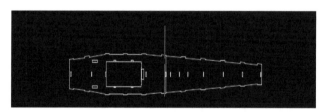

图 6.21　机身底板雕刻图

（3）将做好的机头与机身框架组合黏结在一起，再将机头部分未黏结的桁条粘牢，机身主体结构就基本完工。注意：此前黏结机身各隔框时，要先用 502 胶水临时定位，待确定安装位置后再用环氧树脂胶加固粘牢。

（4）如图 6.22 所示，平尾框架用 3 mm 厚的轻木条搭接而成，两面蒙1 mm 厚的蒙皮。如图 6.23 所示，升降舵舵面用相同方法制作。升降舵与平尾用透明胶带黏结，但要注意使舵面灵活转动。平尾组装完成后，将其仔细粘到机身尾部，保证左右对称。在碳纤维管转轴上直接黏接舵角，用一根推拉钢丝与升降舵舵机连接，实现升降舵的控制。垂尾不配方向舵，框架用 2 mm 厚的轻木条搭建，并在两面蒙蒙皮。

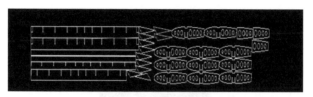

图 6.22　平尾雕刻图

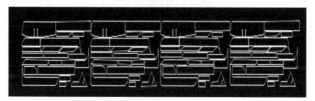

图 6.23　垂尾雕刻图

（5）翼型采用常见的克拉克 Y，用激光雕刻机将翼肋切好后按照图纸摆放好，如图 6.24、图 6.25 所示。接下来，将翼梁、前缘腹板等黏结在一起。整个机翼采用"工"字梁，机翼黏结完毕，检查机翼有无扭曲。

图 6.24　翼肋雕刻图

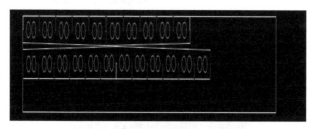

图 6.25　梁雕刻图

3. 飞控的安装与调试

1）飞控的安装

本机采用 Pixhawk 飞控（图 6.26）、MBNGPS 模块、915 MHz 数传模块。

2）在飞行器上安装 Pixhawk 飞控

借助双面减振棉将 Pixhawk 飞控合理配置在飞行器之上，同时用剪刀合理

图 6.26　控制器

裁剪出 4 大块减振棉，将这样的减振棉粘贴在这个机器的角上。在对 Pixhawk
飞控的摆放过程中，应将其放在核心位置，确保它的方向和飞行器的方向
一致。

（1）将 Pixhawk 飞控与飞行器连起来。

PPM 总线应该接在左端的 RC 口上（图 6.27），另外为 Futaba SBus 预留
相应的接口。

图 6.27　飞控接口

（2）将信号线从 PDB 板与 Pixhawk 飞控上其对应信号针脚相连，如图
6.28 所示。脚 1 接副翼；脚 2 接升降舵；脚 3 接油门；脚 4 接方向舵。

图 6.28　飞控信号线

3）飞控的调试

（1）根据所需的版本刷新固件。

（2）清空 SD 卡内记录并恢复所有默认参数。

（3）设置 Q_NABLE = 1，重启飞控或刷新所有参数。

（4）选择机型，如图 6.29 所示。

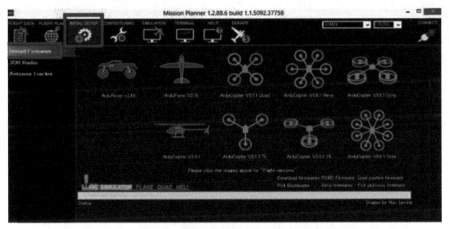

图 6.29　选择机型

（5）将飞控与计算机连接，如图 6.30 所示。

图 6.30　连接计算机

（6）选择框架类型，如图 6.31 所示。

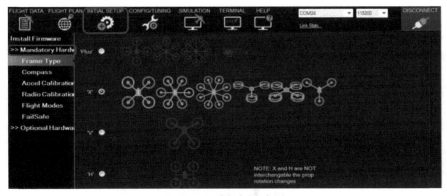

图 6.31　选择框架类型

（7）校准加速度计和罗盘，如图 6.32 所示。

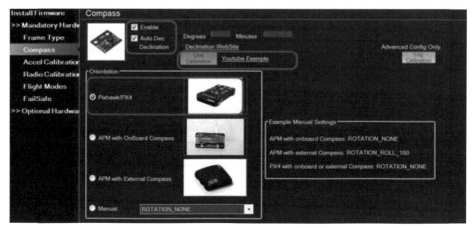

图 6.32　校准加速度计和罗盘

（8）校准操纵杆行程量，如图 6.33 所示。

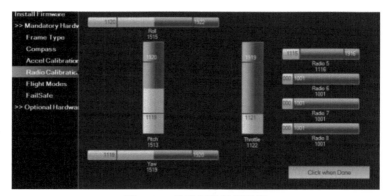

图 6.33　校准操纵杆行程量

（9）选择飞行模式，如图 6.34 所示。

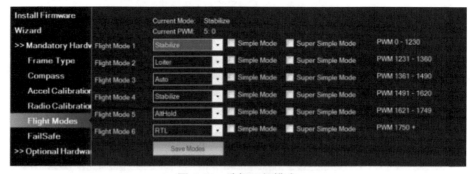

图 6.34　选择飞行模式

（10）设置参数，调试各参数数据。

4）参数的设置

关键参数设置如下：

ACRO – EXPO = 0.1

说明：默认为 0.3，改为 0.1，使操纵杆在边缘时旋转得更灵敏。

ANGLE – MAX = 2 500

说明：此为飞机的最大偏航角，数值越低，则飞机偏航时的稳定性越好。默认为 4500。

ATC – RATE – RP – MAX = 12 000

说明：此为控制器的俯仰角速率，数值越低，则在自动模式中增稳和返航所使用的俯仰角速率越小。默认为 18 000。

ATC – RATE – Y – MAX = 4 500

说明：此为控制器的最大偏航角速率，数值越低，则在自动模式中增稳和返航的最大偏航角速率越小。默认为 9 000。

RTL – ALT = 0

说明：此为飞行器在执行返航前爬升到的最小高度，默认为 1 500，设为 0 可以让飞行器以当前的高度返航。

FENCE – ENABLE = 1

说明：默认为 0，开启电子围栏功能。

FS – GPS – ENANLE = 2

说明：默认为 1，控制当地面站信号丢失超过 5 s 时的失控保护动作。

FS – GCS – ENABLE = 2

说明：默认为 1，控制当 GPS 信号丢失超过 5 s 时的失控保护动作。

FS – THR – VALUE = 975

说明：油门通道上的 PWM 值，低于这个值会触发油门失效保护。

SERVO5_MAX = 2 000

说明：电调的最大行程量，可自由定义，最后校准电调。

SERVO5_MIN = 1 100

说明：电调的最小行程量，可自由定义，最后校准电调。

SERVO5_TRIM = 1 100

说明：与电调的最小行程量保持一致。

SERVO5_REV = 0

说明：0 为电动机正向转动，1 为电动机反向转动。

4. 电子设备焊接

T形插头的焊接与"香蕉"头的焊接类似，不过焊接件可用钳子和橡皮筋固定。在做大电流插头的焊接时，需注意以下几点：

（1）焊锡质量要好，以易于熔化、杂质少的为宜。

（2）焊接中须使用助焊剂或松香，防止金属表面氧化。

（3）由于大电流插头的焊点较大，冷却凝固时间长达数秒，因此在烙铁撤走后不要急于松手，而应继续保持固定件和持线手的稳定。为避免烫伤，可预先戴手套。

（4）在凝固过程中，如果焊锡表面变灰暗、有孔洞，则说明其内部可能存在虚焊，需重新焊一次。正常的焊点，其焊锡光亮、浸润良好、无毛刺孔洞。

（5）最好要使用松香为助焊剂。如果使用酸性助焊剂，则在收紧热缩套管前，用酒精擦掉多余的助焊剂，以防其腐蚀导线和插头。

6.4 飞行训练及常见故障排除

6.4.1 飞行训练与技巧

1. 直线飞行训练

对地侦察项目中，最重要的就是航线飞行，因为要完成侦察和投弹就必须规定好航线。直线飞行是所有飞行动作的基础，它决定着飞手能否控制住模型飞机，因此飞手应掌握直线飞行的技术。在模型飞机舵面保持中立的位置时，模型飞机并不能保持长时间的直线飞行，因为模型飞机受到风或气流的影响，会逐渐发生偏航，直到不能稳定飞行。

在直线飞行中出现的偏航状态主要有方向偏航、俯仰偏航。

（1）方向偏航的修正。例如，当模型飞机出现右偏航时，先向左压副翼，压完副翼要回中，直到模型飞机飞回原航线（机身和航线重合且平行），此时机翼还处于向左倾斜状态，因此要压右副翼摆平，模型飞机继续沿着航线飞行。

（2）俯仰偏航的修正。当模型飞机受到气流的影响出现抬头爬升时，先推杆使模型飞机飞回到原航线，推杆完毕要记得回中，直到模型飞机飞回原来的航线位置（机身和航线重合且平行）。然后，稍拉杆使模型飞机恢复平飞，继续按原航线飞行。

2. 航线飞行训练

在此项目中采用矩形航线飞行（图 6.35），这是常用的飞行路线。矩形航线在每个转角要完成 90°转弯，在每个转弯的过程中，舵量要比水平转弯稍大，压舵和回舵也比水平转弯稍迅速。练习这种航线不仅可以熟悉标准降落航线，还可以熟悉转弯飞行技术。

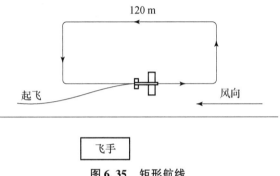

图 6.35　矩形航线

3. FPV 飞行训练

在进行 FPV（第一人称视角）飞行之前，应将 FPV 飞行基本动作过关，第一人称视角飞行最重要的就是要把握好飞行高度，需要结合第一人称视角来综合训练，一般投弹训练高度在距地面 5 m 左右，航线侦察训练在距地面高度 20 m 左右，当飞行器飞行经过靶标上方区域时，根据图传地面端传回的实时图像来确定靶标数字的大小，以执行下一步的投弹打击任务。一般飞行航线可按顺时针（或逆时针）航线飞行。

6.4.2　飞行注意事项

飞行的过程要井然有序，为了保证飞行安全，在每次飞行之前不仅要详细检查器材，预想种种可能发生的危险并做好处理的准备，而且要安排飞行过程的各个步骤，养成良好的飞行习惯。一般飞行应该参考以下流程：

（1）检查飞行场地，将场地中的障碍物清除干净。

（2）确认风向，决定模型飞机的起飞、降落方向。

（3）模型飞机、试舵、检查、准备、起飞。

（4）空中飞行。

（5）请助手观察场地情况，协助指挥准备降落。

（6）模型飞机降落，落地后及时关闭发动机，尽量不在场地上滑跑返回，以免发生意外。

（7）关闭模型飞机电源。

（8）检查、维护模型飞机，准备下次的飞行。

恶劣的天气条件对模型飞机的安全飞行有着较大影响，遇不安全的天气条件时可放弃飞行。应该注意以下几点：

（1）能见度。最好选择在晴天飞行，晴朗的天空下模型飞机的姿态和色彩十分清晰，模型飞机的阴影也不明显，有利于观察。傍晚天色较暗，有时很难辨别模型飞机的姿态，不要勉强飞行。大雾天气，能见度低于 200 m 时，也不要尝试飞行。

（2）风力。模型飞机的几何尺寸较小，因此一般不要在强风中飞行，禁止在 5 级以上的风中飞行。

（3）降雨。降雨对模型飞机的飞行有极大影响，模型飞机遇水受潮，机身会膨胀变形，遥控设备难以正常工作，因此严禁在雨中飞行。如果模型飞机只是短时间少量淋雨，那么一般用毛巾擦干即可；但如果雨水流进器材内部，则应尽量拆开擦干。

6.4.3　常见故障与排除

在飞行中观察模型飞机的飞行轨迹，先将飞行中的模型飞机摆平再进行直线飞行，如果模型飞机总是朝某个方向偏移，就可以利用相应的通道微调反方向进行修正。

（1）飞机总是抬头。

方法：可以推升降舵微调，使模型飞机能够平止，待模型飞机能飞正后加大油门，使模型飞机垂直爬升。

（2）如果模型飞机向左或向右发生方向性偏航，则说明发动机的右拉角不合适，可以向相反的方向加大或减小右拉角。

方法：调整模型飞机以高速平飞，突然收油，在短时间内模型飞机应该以平飞状态继续滑行一小段距离。如果模型飞机有抬头的趋势，则说明发动机下拉角太大了，需要减小发动机下拉角。如果模型飞机有低头趋势，则说明发动机下拉角太小了，需要增加发动机下拉角。

（3）模型飞机的舵量大小。

方法：根据说明书进行调整，如果在飞行中感觉不太适应，也可以进行调整。一般遥控器默认参数即可。

第 7 章

模型火箭飞行器设计与制作

7.1 概　　述

1. 模型火箭飞行器项目介绍

"模型火箭运载与返回"飞行器是科研类航空航天模型锦标赛的创新类项目，要求高校学生自己设计、动手制作，着重考查参赛选手对于模型运载火箭的了解与认识、对其结构的掌握与设计、对规则的认知与判断等，极大地考验选手的科研能力、实践能力和心理素质。

其中，固体火箭是利用规定的固体火箭发动机（中天公司生产的标准固体火箭发动机）运载有效载荷发射到一定高度，在空中完成模型火箭的两级分离；分离后，有效载荷返回指定目标区并分离降落伞，完成任务。"模型火箭运载与返回"项目的难点在于如何高效地实现两级分离，其得分关键在于如何在实现两级分离的基础上提高载重系数。

目前，模型火箭两级分离的方式大致分为 3 种：反喷分离（将 C6 – 4 作为发动机）；机械结构分离；延时电路分离。

采用反喷分离方式，则需要采用 C6 – 4 模型火箭发动机，且数量足以保证能够使模型火箭发射成功。除此之外，还得考虑发动机喷出的火焰会烧到降落伞，以及伞绳发射成功率和分离成功率等。为了解决反喷火焰的问题，应采取一定措施，可以使用上下相扣的盒子来保护降落伞。

采用延时电路分离方式，首先得有一个精准的延时电路（可以自己制作或购买定制一定时长的延时模块，每个延时模块的质量在 15 ~ 25 g 之间）。加上延时电路后，还需要由电路控制的分离设备。对此，笔者之前采用过电磁铁（质量大于 65 g），给电磁铁加电，使电磁铁能够吸附分离部分的铁片，达到通电时间后，延时模块自动断电，电磁铁不再工作，两级分离。考虑到分离设备的重量，就放弃此方案。

采用机械结构的设计进行两级分离，能达到更高的载重系数。本章通过对模型火箭的结构进行改良，得到一套载重系数高、分离可靠的模型火箭。

2. 技术要求

（1）模型火箭使用固体火箭发动机，运载有效载荷发射到一定高度，分离后有效载荷返回指定目标区完成任务。

（2）模型火箭必须采用竖直起飞方式，起飞过程中模型火箭的俯仰角不得小于 60°。

（3）模型火箭使用固体火箭发动机，固体火箭发动机仅限使用标准 C6 – 0 或 C6 – 4 成品固体火箭发动机（中天火箭公司生产），数量不超过 6 枚。为保证安全，固体火箭发动机严禁改装。

（4）模型火箭发射到一定高度后分离，从分离到最先下落部分触地，时间不得少于 10 s；火箭发射后与地面不能有物理连接，分离后箭体单独回收且与有效载荷不得有任何形式物理连接。箭体各部件均需要通过伞降方式安全降落，降落伞及伞绳不限。

（5）有效载荷外表面不得固连任何设备；火箭分离前，有效载荷任何部分都不得露出火箭外表。

（6）比赛全程中不得使用任何遥控设备，有效载荷可自主控制着陆到指定区域，有效载荷降落后不得自主移动，降落伞必须在有效载荷触地后自动解除连接。

3. 场地设置

场地设置如图 7.1 所示。

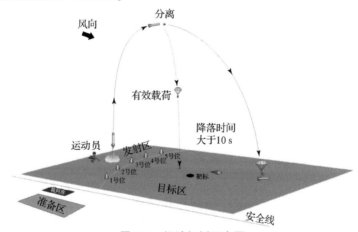

图 7.1　场地规划示意图

（1）任务区：为 400 m 标准体育场或等同于标准体育场面积的场地，场地为土质、草地或硬质地面，具体尺寸和面积根据赛场实际情况确定。根据任务需求，任务区划分为准备区、发射区、降落区 3 个子区域。

（2）准备区：用于准备待飞。

（3）发射区：用于模型火箭的发射，每个发射点不小于 5 m×5 m，各发射点间隔不小于 5 m。

（4）目标区：用于一、二级箭体降落回收，两级箭体降落区域为 400 m 标准体育场跑道范围内除发射区及准备区以外的区域。

（5）安全区：裁判工作区及观众区。

7.2　系统结构设计与工作原理

7.2.1　空气动力学原理

模型火箭空气动力学原理是分析火箭在空中飞行过程中姿态的重要理论基础。在实飞前，应进行理论分析及实际指导，确保不出问题和意外，保证火箭飞行的稳定和任务的完成。

1．模型火箭重心与压力中心

模型火箭稳定性是指模型火箭飞行过程中受到外力或者干扰情况下，能够保证自身的飞行姿态不发生改变或者飞行姿态改变后能够纠正回来。在模型火箭设计时充分考虑稳定性，不仅会使模型火箭的飞行性能更加良好，还会大大提升模型火箭的飞行安全性能。

在受到外力干扰时，模型火箭会围绕重心相应地改变飞行姿态。重心位置获取方法非常简单，主要是悬绳法。如图 7.2 所示，利用一根绳子，从两个不同的位置悬挂模型火箭，静止后沿绳子方向作线标，标记线 AB 和线 CD，其交点 O 就是模型火箭的重心位置。

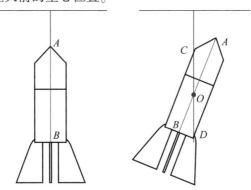

图 7.2　悬挂法测量模型火箭重心示意图

压力中心是指三维物体在与空气有相对速度的情况下，物体所受空气动力作用的合力点。模型火箭飞行过程中，受到的空气压力大小与其迎风面积有关，迎风面积越大则其受到空气压力就越大。例如，当有风吹动风标时，此时风标箭头指向来流方向。这是因为：风标箭头迎风面积小，受到的气流压力小；箭尾迎风面积大，受到的气流压力大。

对模型火箭也是一样的，模型火箭飞行时受到空气阻力，模型火箭的头锥会偏向来流方向，火箭轨迹也会发生变化，影响模型火箭发射的成功率和回收位置，这对模型火箭参赛来说影响极大。为了克服这一干扰，在模型火箭设计初期就必须考虑模型火箭的稳定性设计。

火箭发射时，受到空气阻力，火箭会围绕其重心改变自己的飞行姿态，此时如果压力中心在重心前面，这个姿态改变会被进一步加强；如果重心位置在压力中心之前，则受到空气阻力时，压力中心会减弱这个飞行轨迹的偏转。为保证模型火箭飞行时的稳定性，可在其弹体尾端配置三叶（或四叶）尾翼，其面积大小应保证整个模型的重心位置在其压力中心前方，从而提高模型火箭稳定性。

如果条件允许，可用低速风动和低阻转轴来测量，以获得模型火箭的侧向压力中心。一般条件下，测量模型火箭侧向压力中心可以采取一些简便的经验方法。首先，制作模型火箭的投影模板。然后，根据寻找重心的方法来寻找模型火箭投影模板的重心，这个重心就是模型火箭侧向压力中心。

说明：在上述问题中，本章着重考虑了模型火箭侧向压力中心的问题，而忽略了如头锥形状、尾翼形状面积等因素的影响，这些因素也会影响模型火箭侧向压力中心，使得压力中心位置产生一定的偏移，进而影响测量结果。但是这些因素引起的偏移相对于测量出的模型火箭的侧向压力中心位置是极其微小的，而且多数时候对于模型火箭的稳定性也会是有利的影响，因此在设计模型火箭时通常将这些影响认作安全因素，不予考虑。

2. 模型火箭稳定性分析

模型火箭飞行稳定性必不可少的条件是其重心在压力中心前面，设计模型火箭时，通常要使其重心至少在压力中心前一个弹体直径的位置。地面试验模型火箭飞行稳定性的一个简单办法是做"流星锤"试验：将一根 1 m 左右的绳索扎在模型火箭重心处，然后像甩流星锤那样甩动模型火箭做圆周运动。如果模型火箭头部稳定向前做圆周运动，则表示该模型火箭具有方向稳定性；否则，就需要对模型火箭重心位置或者侧面压力中心位置进行调整，使其重心至少距此压力中心位置前一个火箭弹体直径的距离。

调整重心和压力中心位置的方法主要有两种：其一是重心前移法，通过增加模型火箭头锥的重量（配重）实现；其二是侧向压力中心后移，通过增大模型火箭尾翼面积实现。

一枚相对稳定的模型火箭，其飞行轨迹是比较直的。这是因为，在外力干扰下模型火箭具有相对稳定性，能够自我调整，使得模型火箭按照预定的轨迹飞行到最高点。在风速较大的条件下发射模型火箭，还需要一定的发射角度来修正发射后风对火箭飞行轨迹的影响。

3. 风对模型火箭的影响

风对模型火箭的影响可以分成 3 种，分别是发射时的影响、飞行时的影响及降落时的影响。

模型火箭一般是在地面通过发射架垂直发射，发射时模型火箭速度小，侧向风会使得模型火箭发射方向出现偏差，飞行偏离预定轨迹，难以达到预期发射效果。模型火箭飞行时，风会影响火箭发射的速度和方向，会产生一个较大的气动力和气动力矩，不仅会影响模型火箭自身飞行的飞行姿态，风大的情况下还会给模型火箭带来较大的载荷，影响火箭的安全性能。伞降时，降落伞打开，迎风面积增大，受到风的力增大，降落位置和预期位置偏差更大。

实际发射之前，需要对风速、风向进行测量并预报，为火箭发射提供一个良好的发射环境；尽量寻找风小的时机进行发射，将风对模型火箭的发射影响降到最低，确保发射的成功率。

根据发射点、目标位置及风速和风向进行矢量计算，计算出发射角度，确保发射后模型火箭能够降落在指定区域内，获取分数。具体计算：依据模型火箭发射后的飞行时间、风速、风向、开伞后降落时间、发射位置与目标位置的偏差来确定发射角度，训练过程中记录模型火箭发射的这些数据并根据数据提前得到一个计算结果，以便临场发射时快速准备。

7.2.2　系统结构设计

系统由 3 部分组成：载荷部分、动力部分、发射架。

（1）载荷部分：头锥及箭体（航模木材和碳纤维做骨架，超薄塑料蒙皮）；载荷（350 mL 标称的瓶装水一瓶）；降落伞和伞绳（塑料、凯夫拉线）；切伞回路。

（2）动力部分：木质动力底座；3 个 C6 - 0 固体火箭发动机。

（3）发射架：由 4 根碳杆和木质底座组成。

系统的基本装置和部件包括箭体底座、翼片及模型发动机支座。箭体底座上通过设计的卡扣结构固定 3 片翼片，翼片与模型发动机支座组合成一个较为稳定的结构。在模型发动机支座上均匀分布 3 个模型发动机，使整个模型火箭受力均匀。在模型火箭上方是伞舱。伞舱装有模型火箭上箭体伞和下箭体伞，上、下箭体伞采用"之"字形折叠方式置于当中，上箭体伞系于箭体周围均匀分布的 3 根碳杆上，下箭体伞系于模型发动机支座上。上箭体由头锥、载重舱和载重（350 mL 瓶装水）组成。头锥由长桁与桁梁构成，表面蒙皮，蒙皮材料用超薄航模蒙皮。头锥最顶端安装有一个微动开关，微动开关连接 1 块 3.8 V 锂离子电池。微动开关控制在模型火箭落地后的抛伞。抛伞是利用电爆火头的通电燃烧来烧断伞绳。载重舱由 3 根均匀分布的碳杆和 3 根均匀分布的椴木桁梁组成。这样的结构有利于减轻总重。载重舱地面由 1 片镂空的椴木层板承载上方的载重物。

7.3 制作流程与步骤

7.3.1 制作流程

1. 动力部分制作

动力部分是模型火箭动力发射的来源，主要由底座和固体火箭发动机组成。固体火箭发动机底座包括 3 个翼片、2 个结构环、1 个定位环。

1）翼片

图 7.3 所示为圆角改型梯形轻木翼片，厚度为 2 mm。抛物线形头锥和圆角改型梯形尾翼是最佳配合。直筒形弹体尾端的平底会产生较大的压差阻力，

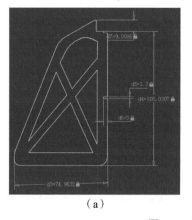

（a）　　　　　　　　　　　　（b）

图 7.3　翼片

（a）翼片 CAD 图；（b）翼片 3D 图

因此在结构允许的条件下最好将弹体设计成尾端略有收缩的外形。右侧卡扣用于和固定环连接，上方多出来的一块用于模型火箭上下箭体的限位，中间镂空的目的是减重。翼片表面蒙皮用航模超薄蒙皮。在图纸中卡扣位置尺寸偏小，这是因为激光雕刻机的激光本身有一定宽度，图纸优化时要将激光尺寸加进图纸。

2）结构环 1

结构环 1（图 7.4）采用椴木层板雕刻而成，厚度为 1.5 mm；外侧 3 个卡扣用于和翼片进行固定；内部 3 个圆孔用于固定模型火箭发动机；3 个圆孔尺寸略大于模型火箭发动机直径。

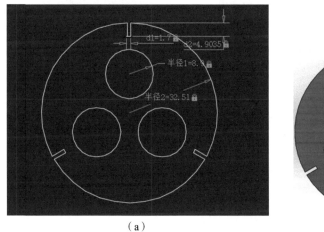
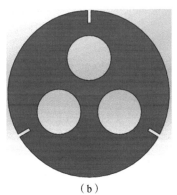

（a）　　　　　　　　　　　（b）

图 7.4　结构环 1

（a）底座结构环 CAD 图；（b）底座结构环 3D 图

3）结构环 2

结构环 2（图 7.5）采用椴木层板雕刻而成，厚度为 1.5 mm；外侧 3 个卡扣用于和翼片进行固定；内部 3 个圆孔尺寸小于模型火箭发动机尺寸，防止模型火箭发动机在竖直方向上移动并用于减重；3 个扇形孔同时用于减重和限位（与定位环连接）。

4）定位环

定位环（图 7.6）采用椴木层板雕刻而成，厚度为 1.5 mm；3 个圆孔尺寸与结构环中圆孔尺寸一致，用于限制模型火箭发动机在水平方向上发生移动；外侧 3 个缺口用于限位，与结构环 2 的 3 个扇形角度相同，以保证模型火箭发动机是竖直的。

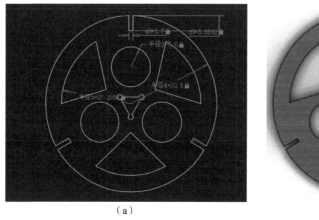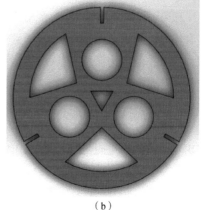

（a） （b）

图 7.5　结构环 2

（a）底座结构环 CAD 图；（b）底座结构环 3D 图

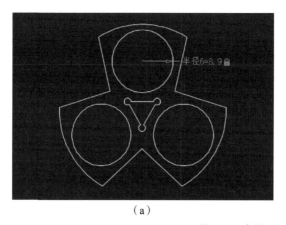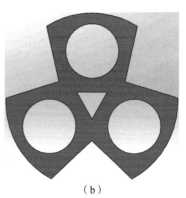

（a） （b）

图 7.6　定位环

（a）底座定位环 CAD 图；（b）底座定位环 3D 图

2. 箭体部分制作

箭体部分火箭外壳包括 3 个限位环，以及 1 个承重板、3 根碳纤维管、3 根限位木条。

1）限位环

限位环（图 7.7）采用椴木层板雕刻而成，厚度为 1.5 mm；3 个圆孔的直径均为 2 mm，用于将外径为 2 mm 的碳纤维管进行固定；外侧有 3 个缺口，用于与限位木条固定；内圆尺寸比所选用的 350 mL 瓶装水载重水瓶外径稍大，保证能将水瓶放进去且不晃动。

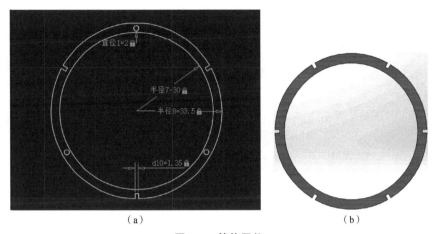

（a）　　　　　　　　　　　　　　（b）

图 7.7　箭体限位

（a）箭体限位环 CAD 图；（b）箭体限位环 3D 图

2）承重板

承重板（图 7.8）采用椴木层板雕刻而成，厚度为 2 mm；外侧卡扣与限位木条固定；圆孔与限位环圆孔尺寸一致、作用一致；中间的扇形为减重孔；承重板用于承载载荷，即 350 mL 瓶装水。

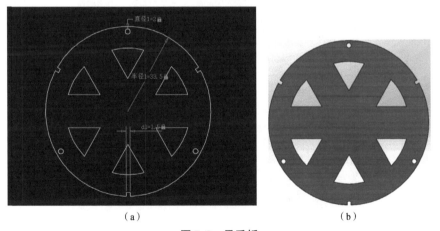

（a）　　　　　　　　　　　　　　（b）

图 7.8　承重板

（a）箭体承重板 CAD 图；（b）箭体承重板 3D 图

3）限位木条

限位木条（图 7.9）采用椴木层板雕刻而成，厚度为 2 mm；卡扣左 1、左 2、左 4 与限位环固定；卡扣左 3 与承重板固定。

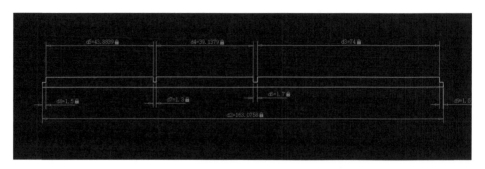

图 7.9　箭体限位木条 CAD 图

3. 头锥部分制作

头锥部分火箭外壳包括 2 个限位环、1 个微动开关座和 6 根轮廓桁。

1）头锥限位环 1

头锥限位环 1（图 7.10）采用椴木层板雕刻而成，厚度为 1.5 mm；6 个方孔用于固定 6 根轮廓桁；内外圆大小与箭体限位环内外圆一致。

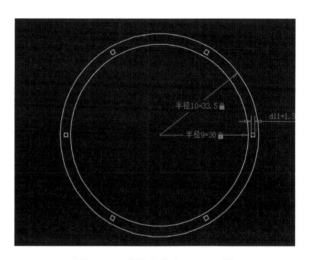

图 7.10　头锥限位环 1 CAD 图

2）头锥限位环 2

头锥限位环 2（图 7.11）采用椴木层板雕刻而成，厚度为 1.5 mm；6 个卡扣用于固定 6 根轮廓桁；内外圆大小根据载重水瓶的尺寸设计，应略大于水瓶的头部尺寸。

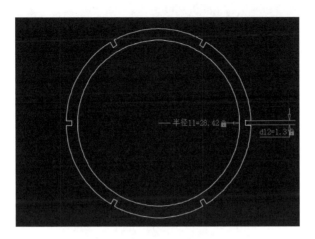

图 7. 11　头锥限位环 2 CAD 图

3）微动开关座

微动开关座（图 7. 12）采用椴木层板雕刻而成，厚度为 1. 5 mm；6 个卡扣用于固定 6 根轮廓桁；中间 4 个孔用于安装微动开关。

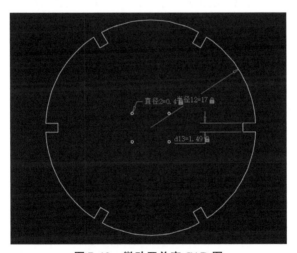

图 7. 12　微动开关座 CAD 图

4）6 根轮廓桁

6 根轮廓桁（图 7. 13）采用椴木层板雕刻而成，厚度为 1. 5 mm；卡扣用于固定 6 根轮廓桁；尺寸的选取根据载重来设计，方法是在某几个确定高度量取载重直径。

5）降落伞制作

（1）伞绳制作。用凯夫拉线拧成长度约 1. 5 m 的双股线，留作备用。

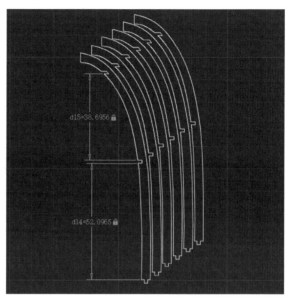

图 7.13　6 根轮廓桁 CAD 图

（2）伞面制作。将材质为 3 丝厚度的黑色垃圾袋（60 cm×80 cm）裁剪成边长为 60 cm 的正方形，再将正方形裁剪成八边形留作备用；将裁剪好的八边形光滑面用作粘连伞绳的一面，将拧好的凯夫拉双股线粘连在八边形的 8 个角上。

（3）粘连时，注意先将每个角的线头分成絮状，再将线头处折进粘连部分约 5 cm 的长度，避免开伞时冲击力度大将降落伞扯断。

4. 模型火箭整体材料

模型火箭所需的制作材料如表 7.1 所示。

表 7.1　材料清单

物品	规格	数量
航模超薄蒙皮	长 10 m、宽 60 cm	1 卷
降落伞	伞径 110 cm	1 套
降落伞	伞径 60 cm	1 套
502 胶水	30 mL	30 瓶
航模轻木	长 920 mm、宽 460 mm、厚 2 mm	1 片
碳纤维管	外径 10 mm、内径 8 mm、长 1 m	4 根
碳纤维管	外径 2 mm、内径 1 mm、长 1 m	20 根

物品	规格	数量
电池	锂离子电池	12 个
电磁铁	直径 12 mm、高 12 mm、电压 12 V	4 个
椴木层板	长 920 mm、宽 460 mm、厚 1.5 mm	20 块
椴木层板	长 920 mm、宽 460 mm、厚 2 mm	4 块
黑色垃圾袋	长 80 cm、宽 60 cm、厚 3 丝	50 个
凯夫拉线	—	1 卷

5. 模型火箭性能参数

根据实验数据及测量模型火箭相应尺寸，获得此设计的性能参数如下：

- 火箭尺寸：直径为 65 mm；高度为 445 mm；翼展为 76 mm。
- 降落伞尺寸：载荷降落伞（正八边形对边距离）为 750 mm；底座降落伞（正六边形对边距离）为 550 mm。
- 模型火箭质量：小于 480 g。
- 微型固体发动机数量：3 个。
- 载荷质量：365 g。
- 火箭级数：2 级。
- 发射角度：大于 60°（根据风速、风向及回收区域设置）。
- 发射升空最大高度：大于 50 m。
- 两级分离时间：（4±0.5）s。
- 伞降时间：（14±1）s。
- 落点范围误差距离：±25 m。

模型火箭系统组成如图 7.14 所示。

图 7.14　模型火箭系统组成

7.3.2 发射流程

第1步，模型发动机的安装。

模型火箭利用模型发动机的动能将其发射至一定高度。所以，模型发动机的安装是模型火箭运动轨迹是否正常的关键因素。模型发动机利用电爆火头产生的能量点燃模型发动机。安装电爆火头时，将火头一端装入模型发动机，用纸巾将其固定并点上502胶水，防止电爆火头脱落，依次将另外两枚模型发动机也如此安装电爆火头。将3枚模型发动机依次安装到模型发动机的固定位置中，调整位置使其垂直于模型发动机支座并在水平面平齐，然后用502胶水固定。最后，将三根电爆火头由两端引线并联在一起，连接点火器，这样就完成了模型火箭发动机的安装。

第2步，模型火箭载荷的安装。

将箭体与头锥断开连接，放入载荷，然后用胶带连接头锥和箭体，并连接抛伞回路的两根导线，使得回路完整。

第3步，降落伞的折叠与安装。

将上、下箭体降落伞先各自折叠，然后放在一起采用"之"字形折叠。

本设计中的降落伞采用的是正六边形和正八边形降落伞。首先，将降落伞整个铺开，将伞绳理顺放置于平整桌面，沿一对角折叠并理顺伞绳，得到一个四边形。接着，拉起四边形长边一角向上折叠，将其与对角重合，理顺伞绳。然后，拉起另外一组对角向下折叠使其重合，理顺伞绳。此时，得到一个等边三角形，将有伞绳的两端重合，得到直角三角形，再沿短直角边将三角形沿中线对折得到长条状，然后分别将伞绳理顺叠于伞面内外边，只露出一根伞绳总线。将两个降落伞都折叠后，交叉叠放，两个露出的伞绳分别位于两端，最后，整体采用"之"字形折叠成能放进伞舱的小块。安装时，注意将上箭体降落伞伞绳露出的一段先放进伞舱。完成安装后，将箭体放置在火箭底座上。

7.3.3 工作过程

将安装好的模型火箭置于发射架上，连接点火器。点火升空后，模型火箭先竖直上升，当模型发动机燃料用到一定程度后，模型火箭减速，模型火箭在空中呈曲线飞行。到达最高点时，上下箭体质量不一样，惯性和受到的空气阻力也不同：上箭体质量大，整体呈流线型；下箭体质量小，再加上3个翼片，其惯性相对上箭体就小得多，翼片受到的阻力也比流线型的上箭体阻力大，故而上、下箭体能在最高点完成分离。分离时，上、下箭体的降落伞打开，上、下箭体平稳降落。着陆时，在头锥上方的触地开关触发，使装在载重舱的降落伞绳的电爆火头爆炸，将伞绳炸断，然后降落伞与载重舱分离，完成分离。

7.4　注意事项

1. 制作过程阶段

（1）粘连时，点胶的量要以能粘牢为目的，点胶一定不能过多，容易粘手。

（2）避免胶水滴入眼睛。

（3）每批零件在激光雕刻机雕刻后会有误差，因此尽量使用新雕刻的零件来拼接。

（4）零件为木质，较脆弱。拼接时，不能用力过猛，避免损坏零件。

（5）拼装完成后，检查是否存在拼装的模型火箭不是竖直的，是否存在没有点胶或者损坏的。

（6）拼装过程中出现问题要及时提出，避免其他队员出现类似问题。

2. 发射阶段

发射准备工作包括放置载重（350 mL 瓶装水）、配合头锥与箭体、叠降落伞、安放发射架、连接切伞回路。切伞回路一定不能提前安置，避免误触，导致在发射前切伞。叠伞时，注意不能将伞绳露出来，避免伞绳缠在一起。

参 考 文 献

[1]吴希明,仲唯贵,陈平剑.倾转旋翼机气动设计技术[J].航空科学技术,2012(4):17-24.

[2]许晓平,周洲.先进飞行器翼型气动设计方法研究[J].飞行力学,2009(2):24-27.

[3]马献伟,白俊强.低雷诺数小型无人飞机气动设计[J].航空计算技术,2012(6):17-20.

[4]闵山山.某型无尾飞翼无人机气动布局设计与分析[D].武汉:华中科技大学,2015.

[5]方宝瑞,李天,余松涛,等.飞机气动布局设计[M].北京:航空工业出版社,1997.

[6]刘虎.飞机总体设计[M].北京:北京航空航天大学出版社,2019.

[7]马丁·西蒙斯.模型飞机空气动力学[M].肖治垣,马东立,译.北京:航空工业出版社,2007.

[8]顾诵芬,解思适.飞机总体设计[M].北京:北京航空航天大学出版社,2002.

[9]李发生.无尾飞翼式攻击型无人机总体优化设计方法研究[D].西安:西北工业大学,2007.

[10]王丽伟.复合材料T型尾翼结构的优化设计研究[D].南京:南京航空航天大学,2012.

[11]韩小勇,孔博,刘明,等.CJ828大型客机平尾气动设计及气动性能工程估算[J].民用飞机设计与研究,2013,1:5-9.

[12]李正洲.某型客机增升装置的气动/机构优化设计[D].南京:南京航空航天大学,2013.

[13]陈微,晏传银,贾艳丽.某型机纵向静稳定性试飞试验数据分析[J].黑龙江科技信息,2015(14):117.

[14]朱宝鎏.无人机空气动力学[M].北京:航空工业出版社,2006.

[15]代海亮.十公斤级民用复合材料固定翼无人机结构设计与强度分析[D].广汉:中国民用航空飞行学院,2019.

[16]刘刚.大型民用飞机前轮操纵转弯及减摆特性仿真研究[D].南京:南京航空航天大学,2012.

[17]李峰,叶正寅,高超.新型浮升一体化飞艇的总体性能和应用研究[J].工程力学,2013,30(3):437-444.

[18]丁欣硕,刘斌.Fluent 17.0流体仿真从入门到精通[M].北京:清华大学出版社,2018.

[19]胡坤,邓荣,梁栋.ANSYA ICEM网格划分技术指南[M].北京:化学工业出版社,2019.

[20]夏侯文.(俄)T-50战斗机三维重建及其气动性能分析[D].南京:南京航空航天大学,2012.

[21]朱小利,唐桂林.载运无人机机翼的研究与设计[J].科技视界,2018(28):23-24.

[22]马佳.小型复合材料无人机结构设计与强度计算[D].广汉:中国民用航空飞行学院,2015.

[23]李仁达.模型飞机的构造原理与制作工艺[M].北京:航空工业出版社,2008.

[24]THOMAS J M,JAMES C K,PETER G I,et al.固定翼微型飞行器设计引论:含3个研究案例[M].宋笔锋,王利光,杨文青,译.北京:航空工业出版社,2016.

[25]李锋,白鹏,等.飞行器低雷诺数空气动力学[M].北京:中国宇航出版社,2017.

[26]黄荣.一种大载荷量实验室用轻型无人机的总体设计与制造[D].厦门:厦门大学,2016.

[27]张宇雄.电动模型飞机动力系统配置[D].北京:北京航空航天大学,2015.

附录 A
3D 打印机

A.1 概　　述

1. 3D 打印技术

3D 打印技术出现在 20 世纪 90 年代中期，实际上是利用光固化和纸层叠等技术来快速成型。3D 打印机（图 A.1）与普通打印机的工作原理基本相同，其内部装打印材料，与计算机连接后，通过计算机控制，把打印材料一层层叠加，最终把计算机中的蓝图变成实物。美国材料与试验协会将增材制造技术定义为基于 3D 模型数据，采用与减式制造技术相反的逐层叠加的方式生产物品的过程，通常通过计算机控制将材料逐层叠加，最终将计算机上的 3D 模型变为立体

图 A.1　3D 打印机图

实物，是大批量制造模式向个性化制造模式发展的引领技术。

2. 3D 打印技术的分类

（1）FDM：熔融沉积快速成型，主要材料为 ABS 和 PLA。

（2）SLA：光固化成型，主要材料为光敏树脂。

（3）3DP：三维粉末黏结，如陶瓷粉末、金属粉末、塑料粉末。

（4）SLS：选择性激光烧结，主要材料为粉末材料。

（5）LOM：分成实体制造，主要材料为纸、金属膜、塑料薄膜。

（6）DLP：数字光处理，主要材料为液态树脂。

（7）FFF：熔丝制造，主要材料为 PLA、ABS。

（8）EMB：电子束熔化成型，主要材料为钛合金。

A. 2　工作原理

3D 打印的设计过程是先通过计算机建模软件建模，再将建成的 3D 模型"分区"成逐层的截面（即切片），从而指导打印机逐层打印。设计软件和打印机之间协作的标准文件格式是 STL。一个 STL 文件使用三角面来近似模拟物体的表面。三角面越小，则其生成的表面分辨率越高。PLY 是一种通过扫描产生的 3D 文件的扫描器，其生成的 VRML 或 WRL 文件经常被用作全彩打印的输入文件。

打印机通过读取文件中的横截面信息，用液体状、粉状或片状的材料将这些截面逐层地打印出来，再将各层截面以各种方式黏合，从而制造出一个实体。这种技术的特点在于其几乎可以造出任何形状的物品。

传统的制造技术（如注塑法）能以较低的成本大量制造聚合物产品，而 3D 打印技术能以更快、更低成本、更有弹性的办法生产数量相对较少的产品。一个桌面尺寸的 3D 打印机就可以满足设计者或概念开发小组制造模型的需要。图 A. 2 所示为 3D 打印机的基本结构。

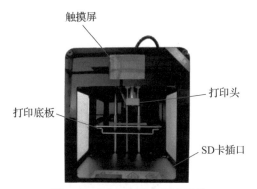

触摸屏

打印头

打印底板

SD 卡插口

图 A. 2　3D 打印机的基本结构

3D 打印耗材 PLA（polylactice acid，生物降解塑料聚乳酸）如图 A. 3 所示，这是一种生物材料，天然可降解，不会污染环境，且加工时无刺鼻气味，为绿色高分子材料。使用 PLA 打印物件时，底座不翘边，故可以打印比较有难度的模型，因此它更适用于打印大型模型，且打印的成品光泽性好、透明度较高、美观亮丽。

图 A. 3　打印耗材 PLA

A.3 操作使用

1. 软件介绍

Cura 软件是由开源桌面 3D 打印机 Ultimaker 开发，是以"高度整合性"及"容易使用"为目标而设计的。Cura 软件包含了所有 3D 打印所需的功能，有模型切片和打印机控制两大部分，其主要特点就是速度快。它是目前所有 3D 打印模型软件切片最快的上位机软件，而且软件的操作界面简单明了，对每个参数都提供了详尽的提示，容易上手。图 A.4 所示为 Cura 软件的操作界面。

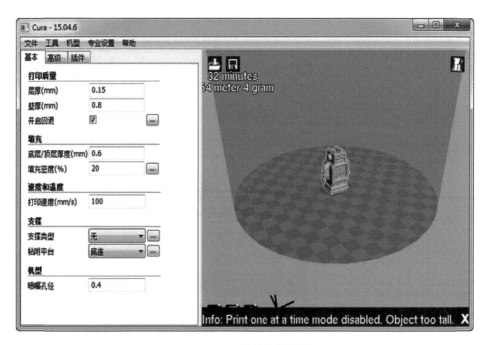

图 A.4　Cura 软件的操作界面

2. 软件参数选择

下面介绍如何在 Cura 里设置机型参数。

（1）如图 A.5 所示，在菜单栏单击"机型"菜单项。

（2）如图 A.6 所示，选择"添加机型"选项。

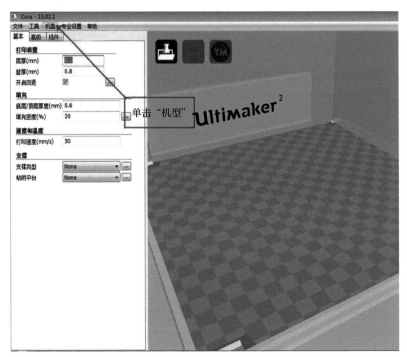

图 A.5　单击"机型"菜单项

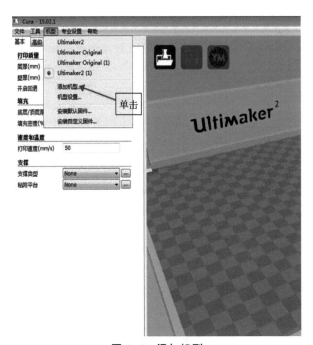

图 A.6　添加机型

（3）单击"Next"按钮，如图 A. 7 所示。

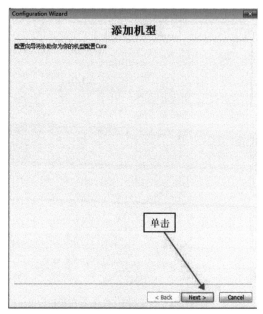

图 A.7　单击"Next"按钮

（4）如图 A. 8 所示，在机型列表里选中"Ultimaker Original"单选框，然后单击"Next"按钮。

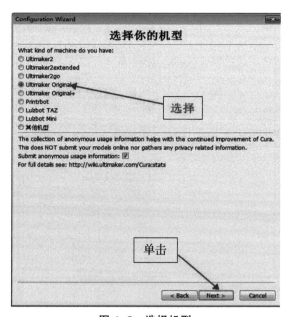

图 A.8　选择机型

（5）如图 A.9 所示，选中"Extruder drive upgrade"复选框，然后单击"Next"按钮。

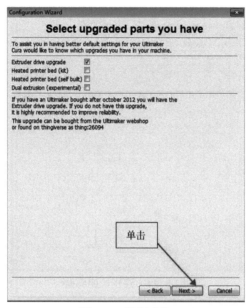

图 A.9　选择升级

（6）如图 A.10 所示，单击"Skip upgrade"按钮。

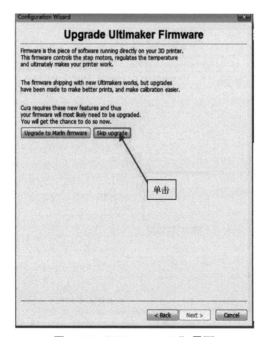

图 A.10　"Skip upgrade"界面

（7）如图 A.11 所示，单击"跳过检测"按钮。

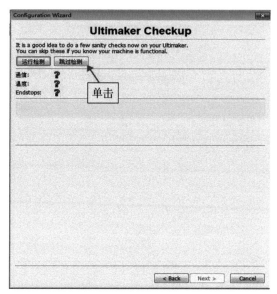

图 A.11　跳过检测界面

（8）如图 A.12 所示，单击"Finish"按钮。

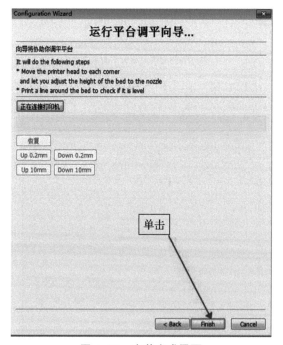

图 A.12　安装完成界面

（9）如图 A.13 所示，机型设置完成，可以进行打印参数设置。

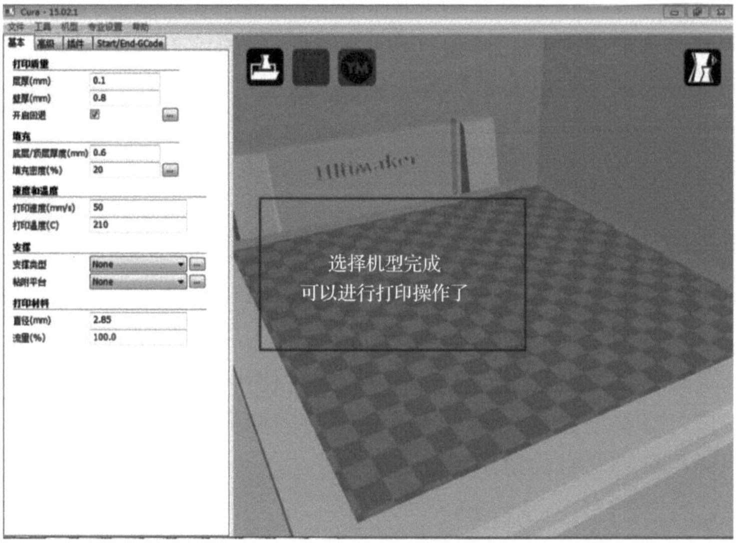

图 A.13　机型设置完成

3. 参数的设置

（1）层厚：打印每层的高度，是决定侧面打印质量的重要参数，如图 A.14 所示。最大层厚不得超过喷头直径的 80%，默认参数为 0.2 mm（针对直径为 0.4 mm 的喷嘴）。层厚可调范围为 0.1～0.3 mm，层厚越小，则表面越精细，所需的打印时间越长。

（2）壁厚：模型外壁厚度，如图 A.15 所示。一般设置为喷头直径的整数倍，默认为 0.8 mm，推荐范围为 0.8～2.0 mm。壁厚越厚，强度越好。

图 A.14　设置层厚　　　　　　图 A.15　设置壁厚

（3）底层/顶层厚度：模型顶部和底部的厚度，如图 A.16 所示。一般为层高的整数倍，默认为 0.75 mm，可根据模型需要调整。如果打印模型出现顶部破孔，则可以适当调大这个数值。

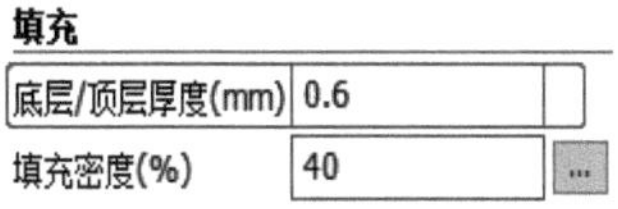

图 A.16　设置底层/顶层厚度

（4）填充密度：值为 0 则为空心，值为 100% 则为实心，如图 A.17 所示。降低填充密度可以节省打印时间，但是影响强度。若设为空心，则有时会因为壁厚太薄而无法完成模型打印，有时适当的填充是必要的，推荐值为 20% ~ 80%。

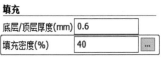

图 A.17　设置填充密度

（5）打印速度：打印时喷嘴的移动速度，也就是吐丝时运动的速度，如图 A.18 所示。一般默认速度为 30.0 mm/s，可调范围为 25.0 ~ 50.0 mm/s。建议打印复杂模型时使用低速，打印简单模型时使用高速，通常使用 30.0 mm/s 即可。速度过高会引起送丝不足等问题；适当调低速度，可让打印时有足够的冷却时间，模型会打印得更好。

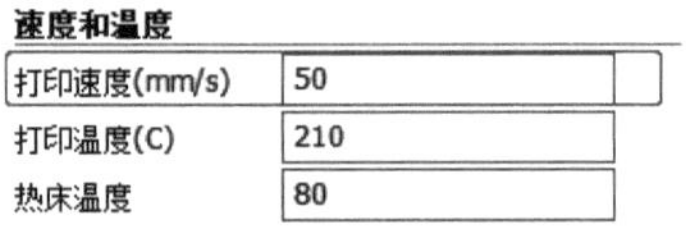

图 A.18　设置打印速度

（6）打印温度：打印时挤出头的温度，如图 A.19 所示。ABS 推荐值为 210 ~ 230 ℃，PLA 推荐值为 190 ~ 220 ℃。如果温度太低则无法挤出，就会卡住，无法出丝。

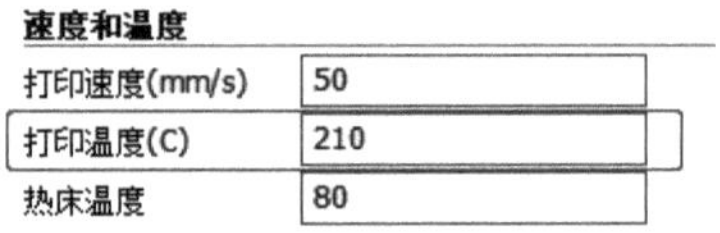

图 A.19　设置打印温度

（7）热床温度：ABS 推荐值为 90 ~ 110 ℃，PLA 推荐值为 70 ~ 80 ℃。设置热床温度的界面如图 A.20 所示。温度太低，则耗材黏性不够，会出现翘边的情况。

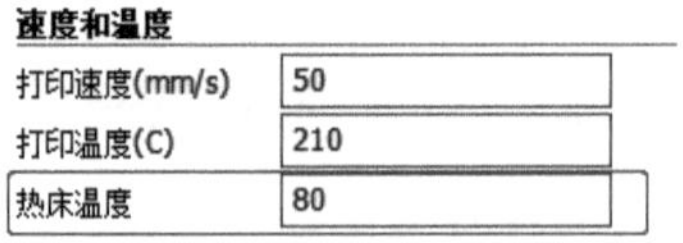

图 A.20　设置热床温度

（8）支撑类型：打印的过程中因为有悬空，丝会因为重力作用掉下来，所以需要添加支撑，但不是所有悬空都需要支撑。支撑类型有 None、Touching buildplate、Everywhere 三个选项。

- None：无支撑。

- Touching buildplate：外部支撑。在模型有外部悬空的位置增加支撑，内部不添加支撑。

- Everywhere：在模型任何悬空的位置都添加支撑，包括模型内部。

（9）平台附着类型：增加一个底座，可以让打印的模型黏得更紧。

- None：不添加底座。

- Brim：在周围增加附着材料。

- Raft：加厚底座，网状的底座。

添加底座可以让平台黏得更紧，Raft 类型底座更省材料。

（10）直径和流量：直径为耗材直径，如图 A.21 所示。市场上 FDM 的耗材直径大多为 1.75 mm；流量为打印时丝的流速。这两个参数是配合使用的。直径越大，则出丝越慢；流量越大，则出丝越快。

打印材料	
直径(mm)	2.85
流量(%)	100.0

图 A.21　设置直径和流量

4. 操作步骤

下面为 Cura 打印的一般操作步骤。

（1）从 3D 软件中选择要导入 STL 格式的模型文件，如图 A.22 所示。

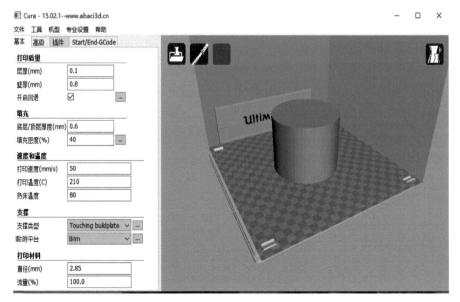

图 A.22　导入 STL 格式

（2）设置层厚为 0.1 mm，壁厚为 0.8 mm。

（3）设置底层/顶层厚度为 0.6 mm，填充密度为 40%。

（4）设置打印速度为 50 mm/s，打印温度为 210 ℃，热床温度为 80 ℃。

（5）选择支撑平台为 Touching buildplate，即外部支撑；选择黏附平台为 Brim，即在周围增加附着材料。

（6）设置打印材料，其直径为 2.85 mm，流量为 100%。

（7）单击图 A.23 所示中的最右边按钮，查看预计打印时间；单击图 A.23 所示中的最左边按钮，导入打印机。

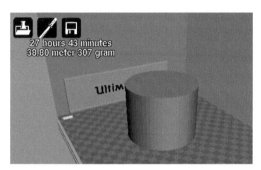

图 A.23　导入打印机

A.4　常见故障

1. 电子结构类的常见故障

1）挤出机/热床不加热

当加热端口有输出时，主板上相应的指示灯会亮。如果不亮，应检查 12 V 供电线路是否接好，挤出机/热床上的热敏电阻是否连接正确。

2）电动机故障

（1）电动机不转。检查电动机线的两端口是否插好，12 V 供电是否正常，电动机驱动是否连接正确。

（2）电动机抖动。原因：电动机驱动没插好，有一根或两根电动机线没接好。

（3）电动机只往一个方向转。原因：限位开关的接线不对或接触不良。

3）显示异常

（1）蓝屏。原因：EXP1、EXP2 接反了。可尝试调节显示板上的可调电阻。

（2）花屏或屏幕破裂。应先接好显示线再给主板供电，也可按复位键让程序重新执行。

4）送料不顺

（1）堵头。检查设置的挤出率是否合适，喷嘴与平台距离是否过小，挤出头里是否含有杂质。

（2）刨料。检查打印温度是否设置得过低，挤出率是否设置得合理，还要检查挤出机上调整送料力度的螺丝，速度是否设置得过快。

（3）漏料。喷嘴与喉管没有拧到位。

5）挤出料不稳定

料有缠绕现象、堵头，可能原因有：层厚设置太小；线径或喷嘴直径设置不对；劣质线材；挤出机挤出齿轮故障。

2. 模型类的常见问题

1）翘边

原因：平台没调平，喷嘴与平台距离太远，材料问题（如 ABS 材料收缩性很强，容易翘边），第一层打印速度过快令平台表面没有处理。

解决方法：调近平台与喷嘴的距离，在平台表面贴美纹胶、涂胶水。

2）拉丝

原因：回抽速度和距离设置过小；打印温度设置过高；材料劣质；悬空距离太长。

解决办法：回抽速度和距离调大；调低打印温度。

3）断层

原因：驱动电流太小，速度太快。

解决办法：调低打印速度，检查供电是否正常。

4）纹理

原因：挤出不稳定。

解决办法：检查 Z 轴装配情况，以及温度是否波动异常。

附录 B

激光雕刻机

B.1 概　述

激光雕刻机是将从激光器发射出的激光，经光路系统，聚焦成高功率密度的激光束。激光束照射到工件表面，使工件达到熔点或沸点，同时与光束同轴的高压气体将熔化（或气化）金属吹走。

激光切割加工是用不可见的光束代替了传统的机械刀，具有精度高、切割快速、不局限于切割图案限制、自动排版节省材料、切口平滑、加工成本低等特点，将逐渐改进或取代传统的金属切割工艺设备。激光刀头的机械部分与工件无接触，在工作中不会对工件表面造成划伤；激光切割速度快，切口光滑平整，一般无须后续加工；切割热影响区小，板材变形小，切缝窄（0.1~0.3 mm）；切口没有机械应力，无剪切毛刺；加工精度高，重复性好，不损伤材料表面；数控编程，可加工任意的平面图，可以对幅面很大的整板切割，无须开模具，经济省时。

激光雕刻机在切割过程中，光束经切割头的透镜聚焦成一个很小的焦点，使焦点处达到高的功率密度，其中切割头固定在 Z 轴上。这时，光束输入的热量远远超过被材料反射、传导或扩散的部分热量，材料很快被加热到熔化与气化温度，与此同时，一股高速气流从同轴或非同轴侧将熔化及气化了的材料吹出，形成材料切割的孔洞。随着焦点与材料的相对运动，使孔洞形成连续的宽度很窄的切缝，完成材料的切割。

当前，激光雕刻机的外光路部分主要采用的是飞行光路系统。从激光发生器发出的光束经过反射镜 1、2、3，到达切割头上的聚焦透镜，聚焦后在待加工材料表面形成光斑。其中，反射镜 1 固定在机身上不动；横梁上反射镜 2 随着横梁的运动做 X 向运动；Z 轴上的反射镜 3 随 Z 轴的运动做 Y 向运动。在切割过程中，随着横梁做 X 向运动，Z 轴部分做 Y 向运动，光路的长度时刻发生着变化。

目前，民用激光发生器由于制造成本等原因，所发出的激光光束都具有一定的发散角，呈锥形。当该锥形的高度改变（相当于激光雕刻机光路长度改变）时，聚焦透镜表面的光束横截面面积也随之改变。此外，光还具有波的性质，因此不可避免地会出现衍射现象，衍射会使光束在传播过程中发生横向扩展，该现象存在于所有的光学系统中，能决定这些系统在性能方面的理论极限值。由于高斯光束呈锥形和光波的衍射作用，当光路长度变化时，作用在透镜表面的光束直径时刻发生变化，这就会引起焦点大小和焦点深度的变化，但对焦点位置的影响很小。如果焦点大小和焦点深度在连续加工中发生变化，必然会对加工产生很大影响，如会造成切割缝宽度不一致、在相同切割功率下会割不透或烧蚀板材等。

B. 2　工作原理

激光是一种光，与其他自然光一样，是由原子（分子或离子等）跃迁产生的。它与普通光不同的是，激光仅在最初极短的时间内依赖于自发辐射，此后的过程完全由激辐射决定，因此激光具有非常纯正的颜色、几乎无发散的方向性、极高的发光强度和高相干性。

激光切割机是应用激光聚焦后产生的高功率密度能量来实现的。在计算机的控制下，通过脉冲使激光器放电，输出受控的重复高频率的脉冲激光，形成一定频率、一定脉宽的光束，该脉冲激光束经过光路传导及反射并通过聚焦透镜组聚焦在加工物体的表面上，形成一个个细微的、高能量密度光斑，焦斑位于待加工面附近，以瞬间高温熔化或气化被加工材料。每一个高能量的激光脉冲瞬间就把物体表面溅射出一个细小的孔，在计算机控制下，激光加工头与被加工材料按预先绘制的图形进行连续相对运动打点，这样就会把物体加工成想要的形状。

切缝时的工艺参数（切割速度、激光器功率、气体压力等）及运动轨迹均由数控系统控制，割缝处的熔渣被一定压力的辅助气体吹除。

B. 3　操作使用

1. 网络配置

将计算机与激光雕刻机联成局域网，用于计算机控制激光雕刻机进行操作，因此将计算机与激光雕刻机的 IP 地址设置在同一网段即可。

设置计算机 IP 地址的步骤如下：

（1）保证计算机连接雕刻机状态下，打开激光雕刻机电源按钮（黄色），无须打开激光按钮（绿色）。

（2）右键单击"网络"图标，在弹出的快捷菜单中选择"属性"，弹出图 B.1 所示的对话框，选择"Internet 协议版本 4 （TCP/IPv4）"，单击"属性"按钮，弹出图 B.2 所示的对话框。

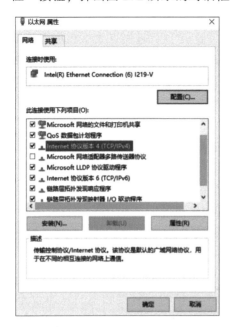

图 B.1 "以太网 属性"对话框　　**图 B.2 "Internet 协议版本 4 属性"对话框**

（3）输入 IP 地址，为 192.168.10.50；子网掩码，为 255.255.255.0；网关，为 192.168.10.1。

（4）输入完毕后，单击"属性"按钮，关闭打开的属性页。

（5）打开 LaserCA 软件，单击"连接测试"按钮，如图 B.3 所示。

（6）若连接成功，则提示"连接成功，可执行相关操作"，如图 B.4 所示。此时便可以在计算机上操作控制激光雕刻机了。注意：要先打开激光按钮（绿色）才能进行切割制作。如果连接不成功，则检查是否打开激光雕刻机电源、计算机与激光雕刻机连接线是否连接等。

也可以将所设计的图纸用 U 盘或存储卡等复制到激光雕刻机，在激光雕刻机进行操作。切记，如果 U 盘或存储卡有病毒，则会感染激光雕刻机控制系统，造成无法使用。

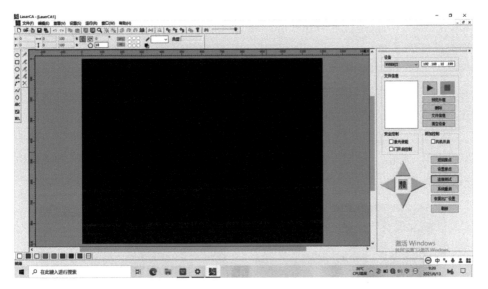

图 B.3　"连接测试"界面

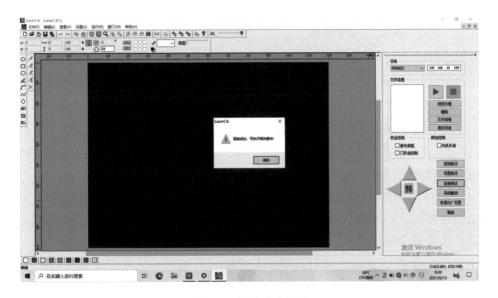

图 B.4　连接成功提示

2. 激光雕刻机操作使用

（1）将计算机与激光雕刻机连接后，打开 LaserCA 软件，选择图纸，打开激光雕刻机电源按钮（黄色），打开激光按钮（绿色）。

（2）进行切割设置，如图 B.5 所示。

根据切割板材不同，设置也有所不同。例如，切割 KT 板，能级设置为40%~45%，切割速度为 4 000 mm/min。切割 2MM 层板，能级设置为 85%，切割速度为 2 000 mm/min。设置完毕，单击"应用到所有"，再单击"确定"→"运行"→"全部运行"，遇见参数不匹配，仍然单击"确定"按钮。

（3）将相应板材置于激光雕刻机的切割区域，调焦距为 11 mm，板子放在出光点处，不要放在系统超限的地方。

（4）在激光雕刻机上按【文件】键，找到刚才传输过来的文件（一般为第一个），单击"确定"按钮，查看参数是否是和设置的一样。打开排气管电机电源按键，再单击"开始"按钮进行切割操作。图 B.6 所示为层板雕刻。

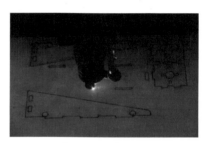

图 B.5　切割设置　　　　　　　图 B.6　层板雕刻

B.4　操作注意事项

操作激光雕刻机的注意事项有以下几点：

（1）遵守一般雕刻机的安全操作规程。严格按照激光器启动程序启动激光器、调光、试机等操作。

（2）操作者须经过培训，熟悉切割软件，设备结构、性能，掌握操作系统有关知识；切割时，必须盖上雕刻机盖子，并保证两人在场，一人操作，另一人为安全员。

（3）按规定穿戴劳动防护用品，在激光束附近必须戴符合规定的防护眼镜。

（4）在未弄清某一材料能否用激光照射或切割前，不要对其加工，以免产生烟雾和蒸气的潜在危险。

（5）设备开动时，操作人员不得擅自离开岗位或托人代管，如果确实需要离开，则应停机或切断电源开关。

（6）在加工过程中一旦发现异常，就应立即停机，及时排除故障或上报主管人员。

（7）保持激光器、床身及周围场地整洁、有序、无油污，工件、板材、废料按规定堆放。

（8）要将灭火器放在随手可及的地方；不加工时，要关掉激光器或光闸；不要在未加防护的激光束附近放置纸张、布或其他易燃物。

（9）维修时，要遵守高压安全规程。每运转 40 h 或每周维护、每运转 1 000 h 或每 6 个月维护时，都要按照规定和程序进行。

附录 C
常用辅助器材工具

在安装、制作、调试、起动无人机模型的过程中，要用到很多专用工具，常用的有以下几种。

1. 胶水

组装模型用的胶水种类比较多，根据特性常分为两大类。一类是快干型胶水，凝固时间通常只有几秒钟。主要是 502 胶水（图 C.1），它的流动性和渗透性较强，但黏结强度、韧性、填充效果较差，一般用于黏结受力不大的部位。502 胶水凝固速度比较快，因此在黏结零件时不要把胶涂在黏结面后再合拢在一起，避免还来不及合拢零件胶就已

图 C.1　502 胶水

经干燥，影响黏结效果和强度。正确的方法是将要黏结的零件合拢在一起，将 502 胶水沿着缝隙滴进去。当一些黏结面积过大过深，普通 502 胶水很难渗透进去时可以选用慢干型 502 胶水，它的黏结强度比普通的 502 胶水大，干燥速度也相对稍慢。502 胶水怕水，因此开封的 502 胶水应该注意密闭保存，如果吸收了空气中的水分会很快变稠、凝固。

图 C.2　慢干型胶水

另一类是慢干型胶水，主要是各种型号的树脂胶或环氧胶，常用的有 302、914、BJ-39 等，如图 C.2 所示。这类胶水的凝固速度相对较慢，通常在 5～120 min。这类胶水相对比较黏稠，黏结强度、韧性、填充效果较好，因此常用来黏结模型受力较大的地方，如上反角部分。这种胶水通常使用时要进行混合，为了保证每次调和的比例一样，最好多调和一些，黏结面的胶要涂抹均匀，黏结时要适当施加压力，挤出多余的胶水，这样才能保证

零件之间黏结牢固。

2. 螺钉紧固胶

螺钉紧固胶俗称防松胶，如图 C. 3 所示。对于某些振动较大的部位的螺钉，如发动机螺钉，由于长时间振动或者螺钉没有拧紧，很容易在飞行中脱落，造成危险，因此在重要的位置可以适当涂抹防松胶来起到加固作用。防松胶是一种黏结强度较小但有固着力的厌氧胶，但不要涂抹过多。防松胶对某些塑料材料会有腐蚀性，要特别注意，以免发生意外！

3. 刻刀

刻刀是模型制作和组装过程中的重要工具。常用的刻刀主要有两种，即手术刀和美工用笔刀，两者基本类似，但由于手术刀更锋利，型号较多，可替换的刀片更容易买到，所以多数爱好者还是习惯使用手术刀（常用 3 号刀柄、11 号刀片），如图 C. 4 所示。

图 C. 3　螺钉紧固胶　　　　　图 C. 4　手术刀

4. 航模电熨斗

航模电熨斗（图 C. 5）是用来熨烫热缩膜的工具，只是模型用电熨斗比家用电熨斗小巧，使用更方便。模型用电熨斗的使用温度通常在 50 ~ 200 ℃，一般正常工作温度在 150 ℃左右。使用时，将电熨斗通电调整调温旋钮至中间位置，然后熨烫试验用的热缩膜。如果热缩膜没有太大反应，也不容易黏附到模型表面，则说明温度太低了；如果熨斗刚一碰到热缩膜，热缩膜就急剧收缩出现皱褶，则说明温度太高了。合适的温度时，用电熨斗熨烫热缩膜，热缩膜会自然平顺地黏附到模型表面。

5. 舵面尺

舵面尺（图 C. 6）是专门用来测量舵面行程的工具，避免用手持直尺测量舵面行程的麻烦与不精确。使用时，将舵面尺的夹子夹在机翼的上下表面，尺子刻度的中立点对准舵面中心，然后用发射机操纵舵面到最大行程，根据舵面中心到舵面尺刻度的位置，便可知舵面的行程。

图 C.5　航模电熨斗

图 C.6　舵面尺

6. 螺丝刀

螺丝刀是最常用的工具，分为十字、一字和内六角，如图 C.7、图 C.8 所示，最好多备几种不同粗细的螺丝刀以应对不同规格的螺钉。不要用太粗的螺丝刀去拧小螺钉，也不要用小螺丝刀拧过大的螺钉，这样都会使螺丝"滑牙"，损坏了螺丝刀的牙口却无法将螺钉拧下来。

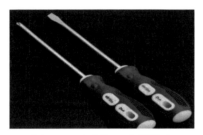

图 C.7　十字和一字螺丝刀

图 C.8　内六角螺丝刀

7. Z 形钳

Z 形钳（图 C.9）是将钢丝连杆端口弯折成 Z 形的工具。最好不要使用 Z 形钳去弯折过粗的钢丝。一般钢丝直径不超过 2 mm，如果钢丝过硬，最好将钢丝退火处理以后再弯折，以免损坏钳口。在弯折前，先在弯折部位做好记号，然后将记号对准 Z 形钳的直角刃口用力咬合。

（a）

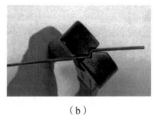

（b）

图 C.9　Z 形钳使用

（a）Z 形钳直角刀口对准记号；（b）用力咬合

8. 轻木软化剂

轻木软化剂（图 C.10）将轻木软化，有利于定型。如果时间充裕，可以将轻木浸入混有少量氨水的清水中浸泡整夜。如果时间紧迫，且需要定型的轻木板比较薄，则可将一瓶工业酒精和一汤匙氨水混合，装入喷雾器，均匀喷洒至轻木表面，轻木就会迅速软化，且能比较快地干燥定型。该溶液还可用于擦拭污物胶痕。

图 C.10　轻木软化剂

9. 砂纸

打磨机翼底面和副翼表面等较大的平面时，要格外注意保持平直。手持砂纸板打磨比较困难，可以将整张砂纸粘贴在置于桌面上的平整大块木板上。这样手持部件在砂纸上打磨，效果会更好。对于一般航模，粗打磨时可以使用 200 目的砂纸，细打磨时可以使用 400～600 目的砂纸，需要精细打磨的位置主要是一些表面需要蒙皮的部位，如图 C.11 所示。

10. 舵机收纳线

机身内的舵机线容易缠在一起，难以区分。可先用轻木挖出能容纳舵机线接头的孔，再将接头塞入并固定，最后将其固定在机身侧板上，如图 C.12 所示。

图 C.11　砂纸打磨示意图

图 C.12　舵机收纳线

11. 透明胶带铰链

将待安装的副翼向上翻转，倒置在机翼上，使副翼前缘和机翼后缘对齐，用透明胶带将副翼前缘和机翼后缘粘贴连接。然后将副翼向下翻转至最大行程处，用透明胶带将副翼上表面的前缘与机翼上表面的后缘黏结。在这个过程中可用美工胶带辅助定位，如图 C.13 所示。

12. 手电钻

手电钻是常用的打孔工具，如图 C.14 所示。一般模型用的手电钻所夹钻头规格不用很大，通常能夹直径为 1 ~ 6 mm 的钻头，但对手电钻的精度要求较高。购买手电钻时，可夹一只所夹规格内最细的钻头，观察旋转中的钻头芯处是否发生摆动。使用时，应注意观察手电钻旋转的方向是顺时针还是逆时针，注意安全。

图 C. 13　透明胶带铰链示意图

图 C. 14　手电钻

13. 转速表

转速表（图 C. 15）用来测量发动机转速的仪表。使用时，打开转速表的开关，根据发动机使用的螺旋桨桨叶数目选择合适的挡位，将转速表的监测端口对准旋转的螺旋桨的一边，此时可以从液晶显示器上读取发动机的转速。有的转速表液晶显示器显示的数字位数少，需要按要求乘以一定的倍数才能计算出准确的转速。

14. 热风枪

模型用的热风枪（图 C. 16）的最大特点是温度高，一般用来给热缩蒙皮加热收缩。在蒙皮过程中，热风枪的温度不能太高，一般不超过 400 ℃。在蒙皮过程中，热风枪不能过于靠近蒙皮，一般和蒙皮相距 10 cm 左右。如果距离太近，会导致局部温度过高，造成蒙皮损坏；如果距离过远，会导致温度不够，蒙皮效果不好。

图 C. 15　转速表　　　　　　图 C. 16　热风枪

15. 卡尺

卡尺（图 C. 17）是用来测量物体直径或厚度的专用工具。最常用的是游标卡尺主要有机械型、针型、电子型 3 种。一般电子型的游标卡尺最为方便，同时价位最高，使用游标卡尺一般是测量一些零部件的尺寸。

16. 电烙铁

电烙铁是用来焊接电器元件的，如图 C. 18 所示。通常用焊锡丝作为焊剂，焊锡丝内一般都含有助焊的松香。焊锡丝由约 60% 的锡和 40% 的铅合成，熔点较低。电烙铁使用之后要注意保养，在烙铁头部分加松香，防止烙铁头氧化而减少使用寿命。

图 C. 17　游标卡尺

图 C. 18　电烙铁

17. 台钳

台钳主要是固定在工作台上，进行大力度夹持的工具，如图 C. 19 所示。由于它比较稳固，也起到安装平台的作用，一般将零件夹持在台钳上再用别的工具配合加工。使用台钳时，需要注意要与工作台连接紧固，以免台钳松动发生意外。

18. 工具箱

外场飞行时经常要带很多工具，使用工具箱既方便又美观。发射机最好单使用一个工具箱，以免运输过程中被溢出的燃料或掉落的工具损坏，如图 C. 20 所示。

图 C. 19　台钳

图 C. 20　工具箱

19. 尼龙扎带

尼龙扎带（图 C. 21）用来捆扎舵机线、电源线等，也可以用来加固一些连接件，有时候飞机损坏需要修复，可以用尼龙扎带。

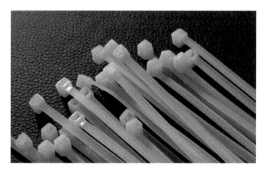

图 C.21　尼龙扎带

20. 电显

电显（图 C.22）是专为聚合物锂电池设计，可以解决锂电使用后不平衡的问题，可以随时监测电池各片电压情况，有放电保护功能，并能起平衡各片电压的功能，精确测量电池总体电压和单体电压、对多颗串联电池执行平衡操作，可对电池进行放电，以利于长时间存放，避免电池损坏。一般测量锂电池电压时，单片 4.20 V 为满电，低于 3.80 V 就需要充电了。

图 C.22　电显

21. 凯夫拉线

凯夫拉是一种族聚酰胺纤维，如图 C.23 所示，具有没有伸缩性的良好特点。凯夫拉线非常轻，多采用多股或更多股织结而成，凯夫拉线一般用来加强飞机的一些部件，如梁、起落架等。

22. 硅胶线

硅胶线具有优良的耐高温及耐低温性能，具有优良的耐高压、耐老化、耐高温、耐酸碱性能，使用寿命长。航模上常用的硅胶线规模为 20AWG、18AWG、16AWG、14AWG。其中，16AWG 和 14AWG 主要用作电源线。一般电流较大，硅胶线在焊接时需要焊接牢固，且焊点质量要好，防止在设备供电期间发生安全事故，如图 C.24 所示。

图 C.23 凯夫拉线

图 C.24 硅胶线

23. 碳纤维管

碳纤维管也称碳素纤维管、碳管、碳纤管，如图 C.25 所示。碳纤维管具有强度高、寿命长、耐腐蚀、质量轻、低密度等优点，被广泛应用于风筝、航空模型飞机等。航模上用的碳纤维管规格主要是 2 mm×1 mm、3 mm×2 mm、5 mm×3 mm（其中，前面的数字表示外圆直径，后面的数字表示内圆直径）。

图 C.25 碳纤维管

24. 尖嘴钳

常用的尖嘴钳有短嘴钳（图 C.26）和超长嘴钳（图 C.27）两种。不要用超长嘴钳用力弯折物体，以免损毁钳口。

图 C.26　短嘴钳　　　　　　　　　　图 C.27　超长嘴钳

25. 偏口钳

偏口钳（图 C.28）一般用来剪断有一定厚度和硬度的材料。

图 C.28　偏口钳

26. 克丝钳

克丝钳（图 C.29）的用处较多，既可以剪断较粗的金属丝，也可以作为夹持工具。

图 C.29　克丝钳

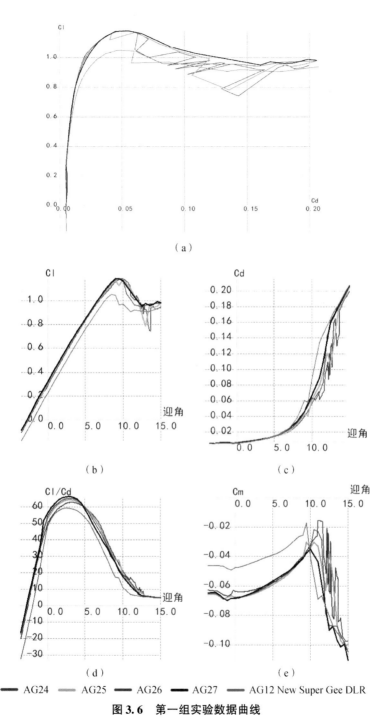

（a）

（b）   （c）

（d）   （e）

AG24 AG25 AG26 AG27 AG12 New Super Gee DLR

图 3.6 第一组实验数据曲线

（a）极曲线；（b）升力系数曲线；（c）阻力系数曲线；（d）升阻比曲线；（e）俯仰力矩系数曲线

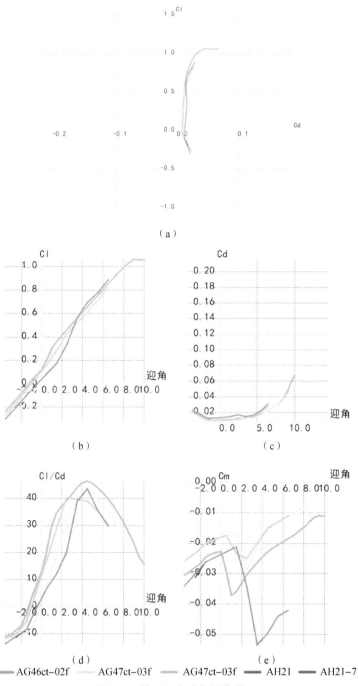

图 3.7 第二组实验数据曲线

（a）极曲线；（b）升力系数曲线；（c）阻力系数曲线；（d）升阻比曲线；（e）俯仰力矩系数曲线

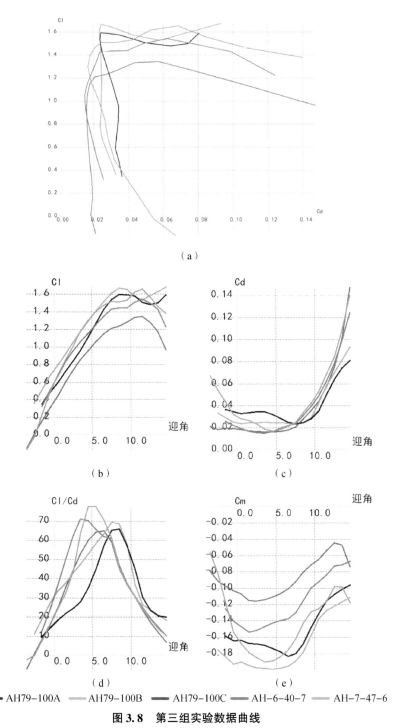

（a）

（b）　　　　　　　　　（c）

（d）　　　　　　　　　（e）

━━ AH79-100A　　━━ AH79-100B　　━━ AH79-100C　　━━ AH-6-40-7　　━━ AH-7-47-6

图 3.8　第三组实验数据曲线

（a）极曲线；（b）升力系数曲线；（c）阻力系数曲线；（d）升阻比曲线；（e）俯仰力矩系数曲线

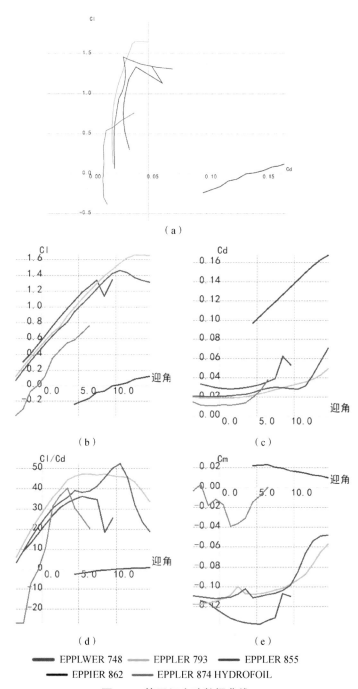

（a）

（b）　　　　　　　　　　（c）

（d）　　　　　　　　　　（e）

━━ EPPLWER 748　　━━ EPPLER 793　　━━ EPPLER 855
━━ EPPIER 862　　━━ EPPLER 874 HYDROFOIL

图 3.9　第四组实验数据曲线

（a）极曲线；（b）升力系数曲线；（c）阻力系数曲线；（d）升阻比曲线；（e）俯仰力矩系数曲线

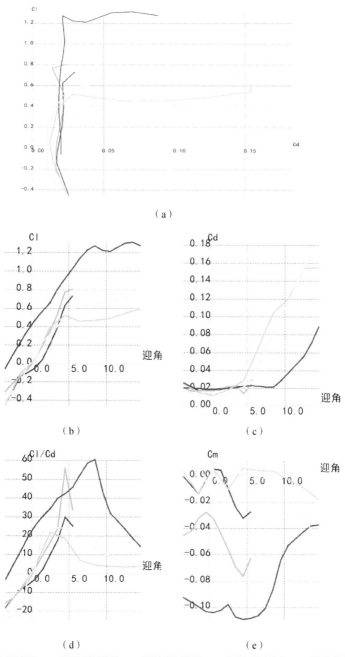

（a）

（b）　　　　　　　　　　　（c）

（d）　　　　　　　　　　　（e）

━ EPPLER 904　━ EPPLER E851　━ EPPLER E854　━ EPPLER EA 8　━ EPPLER EA 6

图 3.10　第五组实验数曲线

（a）极曲线；（b）升力系数曲线；（c）阻力系数曲线；（d）升阻比曲线；（e）俯仰力矩系数曲线

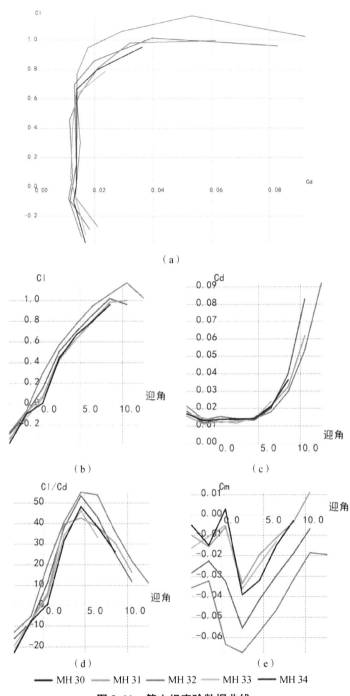

（a）

（b）   （c）

（d）   （e）

—— MH 30 —— MH 31 —— MH 32 —— MH 33 —— MH 34

图 3.11　第六组实验数据曲线

（a）极曲线；（b）升力系数曲线；（c）阻力系数曲线；（d）升阻比曲线；（e）俯仰力矩系数曲线

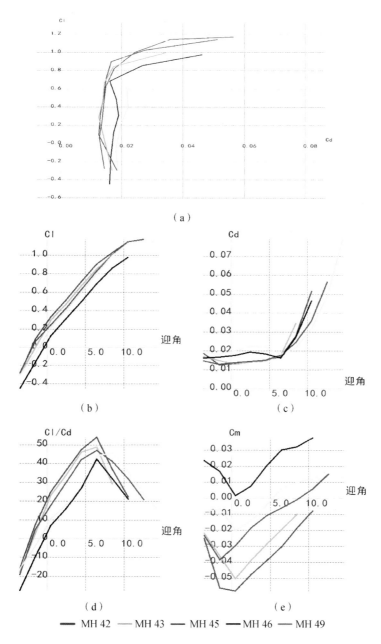

图 3.12　第七组实验数据曲线

（a）极曲线；（b）升力系数曲线；（c）阻力系数曲线；（d）升阻比曲线；（e）俯仰力矩系数曲线

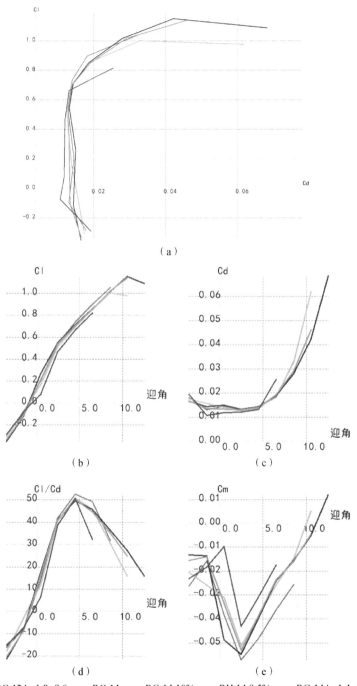

图 3.13 第八组实验数据曲线

(a) 极曲线；(b) 升力系数曲线；(c) 阻力系数曲线；(d) 升阻比曲线；(e) 俯仰力矩系数曲线

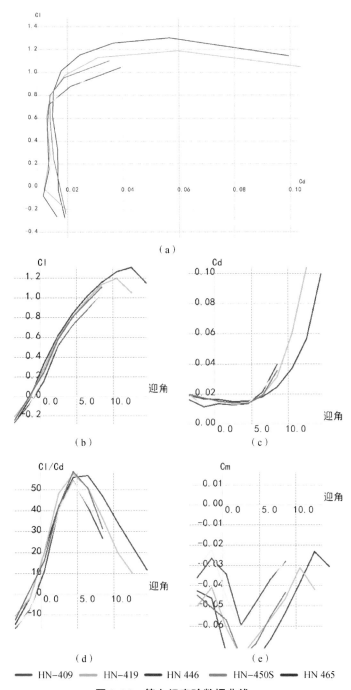

图 3.14 第九组实验数据曲线

（a）极曲线；（b）升力系数曲线；（c）阻力系数曲线；（d）升阻比曲线；（e）俯仰力矩系数曲线

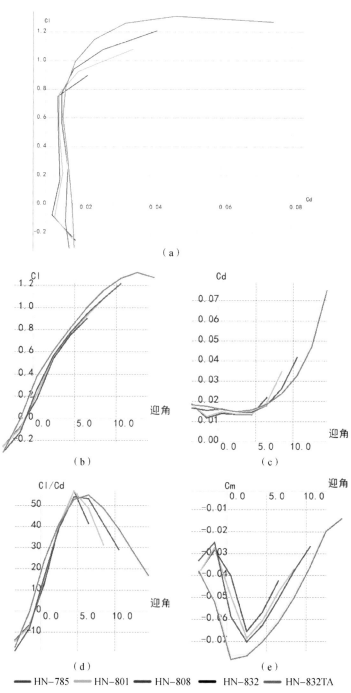

（a）

（b）

（c）

（d）

（e）

━━ HN-785 ━━ HN-801 ━━ HN-808 ━━ HN-832 ━━ HN-832TA

图 3.15　第十组实验数据曲线

（a）极曲线；（b）升力系数曲线；（c）阻力系数曲线；（d）升阻比曲线；（e）俯仰力矩系数曲线

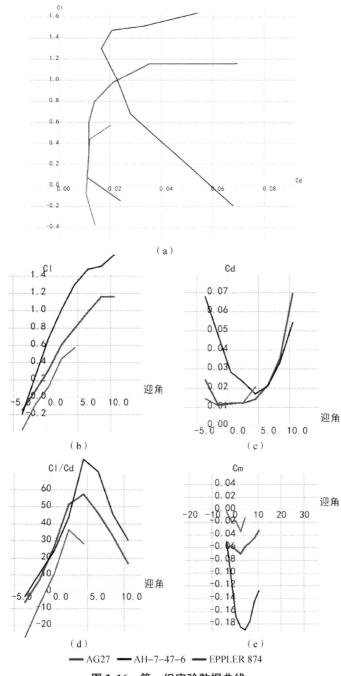

（a）

（b）　　　　　　　　　（c）

（d）　　　　　　　　　（e）

—— AG27　—— AH-7-47-6　—— EPPLER 874

图 3.16　第一组实验数据曲线

（a）极曲线；（b）升力系数曲线；（c）阻力系数曲线；（d）升阻比曲线；（e）俯仰力矩系数曲线

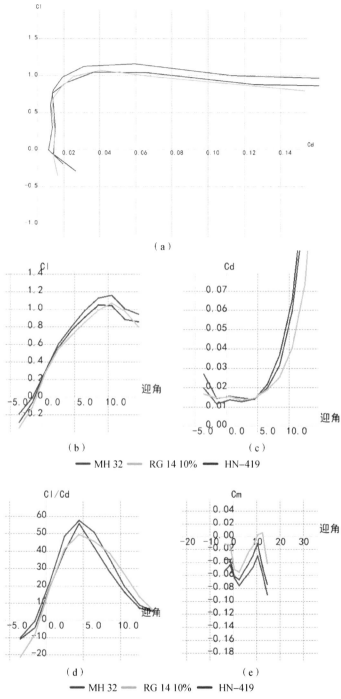

图 3.17　第二组实验数据曲线

（a）极曲线；（b）升力系数曲线；（c）阻力系数曲线；（d）升阻比曲线；（e）俯仰力矩系数曲线

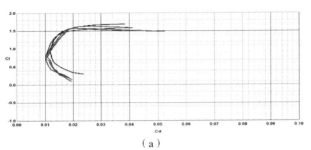

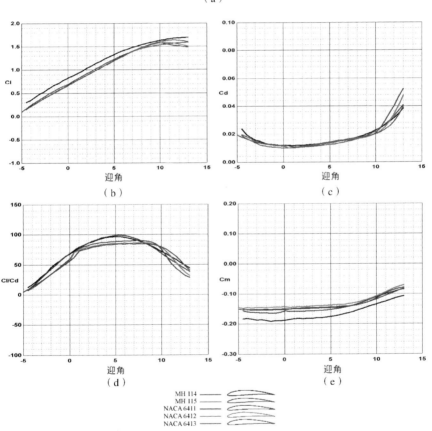

MH 114	
MH 115	
NACA 6411	
NACA 6412	
NACA 6413	

图5.9　第一组实验数据曲线

（a）极曲线；（b）升力系数曲线；（c）阻力系数曲线；（d）升阻比曲线；（e）俯仰力矩系数曲线

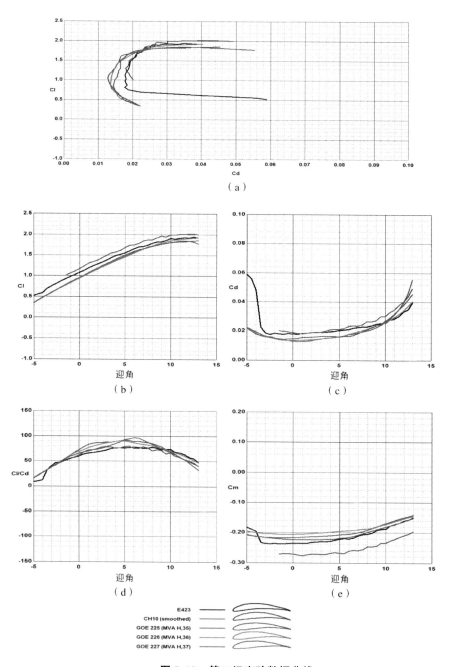

图 5.10　第二组实验数据曲线

（a）极曲线；（b）升力系数曲线；（c）阻力系数曲线；（d）升阻比曲线；（e）俯仰力矩系数曲线

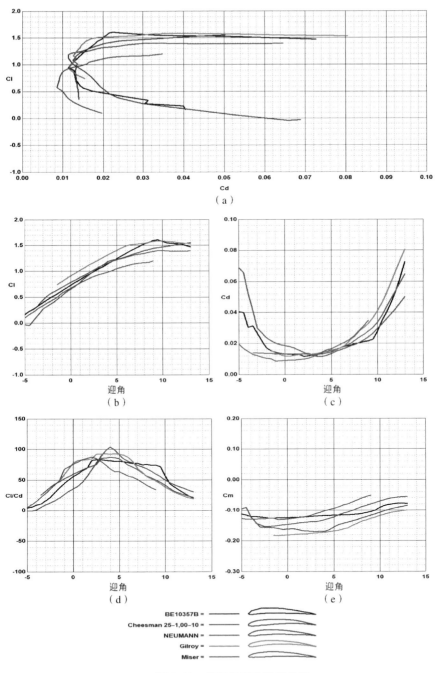

图 5.11　第三组实验数据曲线

（a）极曲线；（b）升力系数曲线；（c）阻力系数曲线；（d）升阻比曲线；（e）俯仰力矩系数曲线

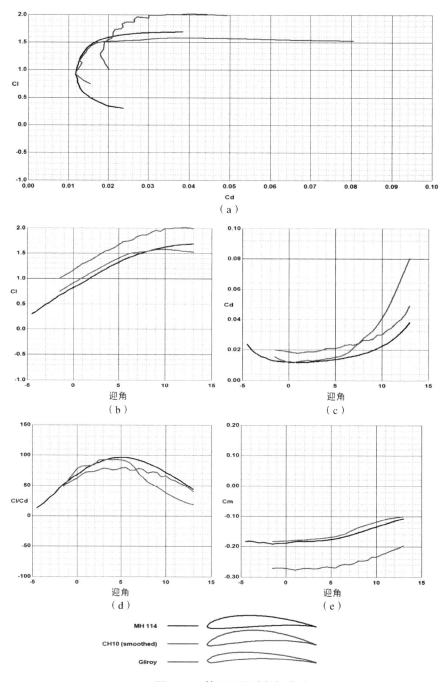

图 5.12　第四组实验数据曲线

（a）极曲线；（b）升力系数曲线；（c）阻力系数曲线；（d）升阻比曲线；（e）俯仰力矩系数曲线